进口铁矿石产地溯源技术

李晨 刘曙 刘恩涛 严承琳 著

东华大学出版社 · 上海

内容简介

中国是世界上最大的铁矿石进口国，产地溯源可支撑进口铁矿石符合性验证，为风险筛查、贸易便利化提供解决方案。本书介绍了进口铁矿石资源概况及产地溯源技术基础，基于 X 射线荧光光谱、激光诱导击穿光谱、矿相综合鉴定、高分辨电感耦合等离子体质谱和激光剥蚀电感耦合等离子体质谱，结合判别分析、人工神经网络等算法，介绍了进口铁矿石原产国、品牌追溯的一系列研究成果。本书可作为从事矿产品产地溯源研究人员的参考书，也可作为政府监管部门、铁矿石贸易商、检测实验室的技术人员开展进口铁矿石产地溯源的参考资料和依据。

图书在版编目（CIP）数据

进口铁矿石产地溯源技术/李晨等著. —上海 :东华大学出版社，2021.5
ISBN 978-7-5669-1921-2

Ⅰ.①进… Ⅱ.①李… Ⅲ.①铁矿物—产地—鉴别料 Ⅳ.①P578.1

中国版本图书馆 CIP 数据核字（2021）第 119747 号

责任编辑：竺海娟
封面设计：魏依东

进口铁矿石产地溯源技术

李 晨　刘 曙　刘恩涛　严承琳　著

出　　　　版：东华大学出版社(上海市延安西路 1882 号　邮政编码:200051)
本 社 网 址：http://dhupress.dhu.edu.cn
天猫旗舰店：http://dhdx.tmall.com
营 销 中 心：021-62193056　62373056　62379558
印　　　　刷：上海盛通时代印刷有限公司
开　　　　本：787 mm×1092 mm　1/16
印　　　　张：10
字　　　　数：300 千字
版　　　　次：2021 年 5 月第 1 版
印　　　　次：2021 年 5 月第 1 次印刷
书　　　　号：ISBN 978-7-5669-1921-2
定　　　　价：128.00 元

《进口铁矿石产地溯源技术》

著者名单

主　著：李　晨　刘　曙　刘恩涛　严承琳

参　著：严德天　闵　红　王　兵　许家省

　　　　杨雅雯　张　博　李　彤　赵文雅

　　　　陈俊水

前　言

　　现阶段我国正处于工业化发展中、后期,钢铁工业呈现蓬勃向上的发展态势。我国对铁矿石的需求十分强劲,是世界上最大的铁矿石需求国。虽然我国铁矿石基础储量大,但贫矿多、富矿少,地域分布不均,远远不能满足我国钢铁工业发展的需要。在这种背景下,进口铁矿石可以缓解我国资源供应不足,是我国铁矿石资源供给优化配制的有效方式。我国目前是世界上最大的铁矿石进口国,据统计,2020 年我国铁矿石进口量为 11.7 亿 t,对外依存度超过 80%。我国进口铁矿石来自澳大利亚、巴西、南非、印度、伊朗等 30 多个国家,其中进口澳大利亚、巴西铁矿近 3 年占比超过 80%。从海关对进口铁矿石的监管数据来看,铁矿石进口过程中不乏存在掺杂、掺假、以次充好等现象,虽然集中于个案,但对我国国门安全、经济安全的危害不容小觑。进口铁矿石属于我国法定检验商品,我国海关会对进口铁矿石开展放射性检验、外来夹杂物检疫、固体废物属性鉴别、品质检验、有害元素监测等措施,以预防进口铁矿石涉及安全、卫生、环保、欺诈等方面的风险。

　　资源类矿产品产地溯源需求一般起源于特殊的国际环境。美国海关早在 19 世纪 90 年代就曾开展进口原油原产地分析,用于部分国家原油管控。日本海关 2006 年制定了无烟煤原产地识别化验方法,用于管制朝鲜无烟煤进口。与美国海关、日本海关相比,中国海关在资源类矿产品产地溯源技术领域仍处于空白,面临判断指标零散、智能判定手段缺乏、产地识别辨识度不足等问题。因此,研发便捷实用的进口铁矿石产地溯源技术,建立我国的进口铁矿石产地溯源体系,是目前急需解决的问题。

　　开展进口铁矿石产地溯源技术研究,构建进口铁矿石信息库,可基于历史大数据实现对进口铁矿石的风险评价,为质量保障和国家宏观管控提供技术支撑,保障贸易便利性。2020 年 11 月 25 日,生态环境部等多部门联合发布《关于全面禁止进口固体废物有关事项的公告》,要求自 2021 年 1 月 1 日起,禁止以任何方式进口固体废物。原产地、品名等是铁矿石入境报关时的申报信息,对进口铁矿石的原产地、品牌进行符合性验证,可以发现掺杂、掺假、以次充好等现象,为固体废物禁令的实施提供技术保障。

　　开展进口铁矿石产品产地溯源技术研究,可为我国履行联合国安理会"禁运"协议提供技术手段,制定针对性技术性贸易措施,体现大国责任。2017 年 8 月 5 日,联合国安理会第 2371 号决议《禁止朝鲜出口矿石产品和海产品》正式实施。商务部会同海关总署发布《关于执行联合国安理会第 2371 号决议的公告》,自 2017 年 9 月 5 日起禁止进口朝鲜煤炭、铁、铁矿石、铅、铅矿石、水海产品。当前复杂的国际环境下,产地溯源技术体现国家的综合国力,反映科技实力应对、制定及实施相应国际挑战的能力。

目前,尚无相关书籍能够系统、全面地介绍铁矿石的产地溯源技术。本书主要以作者近年来相关研究工作为基础,结合相关测试方法理论整理而成。全书共分6章,分别介绍进口铁矿石资源概况及产地溯源技术基础、X射线荧光光谱在进口铁矿石产地溯源中的应用、激光诱导击穿光谱在进口铁矿石产地溯源中的应用、矿相综合鉴定在进口铁矿石产地溯源中的应用、高分辨电感耦合等离子体质谱在进口铁矿石产地溯源中的应用、激光剥蚀电感耦合等离子体质谱在进口铁矿石产地溯源中的应用。本书内容丰富、重点突出、实用性及针对性强。本书可作为从事矿产品产地溯源研究人员的参考书,也可作为政府监管部门、铁矿石贸易商、检测实验室的技术人员了解进口铁矿石产地溯源的参考资料和依据。

本书由上海海关工业品与原材料检测技术中心、中国地质大学(武汉)的研究人员在多年研究工作基础上撰写完成。全书由李晨(上海海关工业品与原材料检测技术中心)、刘曙(上海海关工业品与原材料检测技术中心)、刘恩涛(中国地质大学(武汉))、严承琳（上海海关工业品与原材料检测技术中心）主著,严德天（中国地质大学(武汉)）、闵红（上海海关工业品与原材料检测技术中心）、王兵（上海海关工业品与原材料检测技术中心）、杨雅雯（上海师范大学）、张博（上海理工大学）、李彤（东华大学）、赵文雅（上海理工大学）、许家省（中国地质大学(武汉)）参与试验研究、数据分析等工作,全书由刘曙、闵红、严承琳审稿,李晨定稿。

本书在编写中引用了许多专家、学者在科研和实际工程中积累的大量资料和研究成果,由于篇幅有限,本书仅列出了主要参考文献,并按惯例将参考文献在文中一一对应列出,在此特向所有参考文献的作者表示衷心的感谢。

本书的研究成果得到了国家重点研发计划国家质量基础的共性技术研究及应用专项项目《资源类及高值产品产地溯源、掺假识别技术研究》(编号:2018YFF0215400)、海关总署科技项目（编号:2019HK074、2020HK253）的资助,著作得到了上海海关工业品与原材料检测技术中心的大力支持,在此表示感谢!

由于作者水平有限,加之时间仓促,书中难免有疏忽和不当之处,敬请读者批评指正。

著者
2021年4月5日

目　录

第一章　进口铁矿石资源概况及产地溯源技术基础

1　进口铁矿石资源概况

1.1　全球铁矿资源储量及其分布

作为冶金工业最主要的原材料，铁矿石在自然界储量十分丰富。根据美国地质调查局（United States Geological Survey，USGS）《矿产品概要 2019》公布的数据，2018 年世界铁矿石资源总量估计为 8000 亿 t，其中铁含量超过 2300 亿 t。已探明可开采铁矿石储量约为 1700 亿 t，其中铁含量约 840 亿 t。全球主要铁矿石生产国铁矿资源储量见表 1-1。可以看出，全球铁矿资源分布广泛，但不均衡，主要集中在少数几个国家和地区。位列前 10 位的国家依次是澳大利亚、加拿大、俄罗斯、巴西、中国、玻利维亚、几内亚、印度、乌克兰和智利，这 10 个国家铁矿资源量达到 6650 亿 t，占到全球铁矿资源总量的 81.3%。

表 1-1　全球主要国家铁矿总量分布表[1]

国家	铁矿总量/亿 t	占比/%
澳大利亚	1462.38	17.88
加拿大	1303.00	15.93
俄罗斯	980.00	11.98
巴西	927.00	11.33
中国	636.83	7.79
玻利维亚	402.90	4.93
几内亚	308.00	3.77
印度	252.50	3.09
乌克兰	207.86	2.54
智利	169.70	2.07
塞拉利昂	158.60	1.94
哈萨克斯坦	132.32	1.62
毛里塔尼亚	91.70	1.12
秘鲁	75.90	0.93
南非	62.00	0.76
其他	427.09	5.22

全球铁矿质量差别较大，整体呈现"南多北少"，即：南半球国家富铁矿多，品位高，开采价值大，如澳大利亚、南非、印度、委内瑞拉等；而中国、美国、俄罗斯、乌克兰等北半球国家虽总体储量较大，但矿石整体品位低，开采和使用成本高。南非、印度、澳大利亚、巴西等国铁矿石平均品位均在55%以上，加拿大、中国、乌克兰和美国铁矿石平均品位约为30%，我国仅为31.3%，低于全球铁矿石平均含量（48.3%）。

全球铁矿石生产能力布局和资源分布不相匹配，部分国家铁矿资源丰富，但受经济发展水平、技术能力限制，生产能力不足，无法提供足量、稳定的铁矿石输出。全球铁矿石供给与需求地区差异明显，目前铁矿石运输主要以海运为主，铁矿石运输占到世界干散货运输量的1/3，对铁矿石价格产生较大影响。

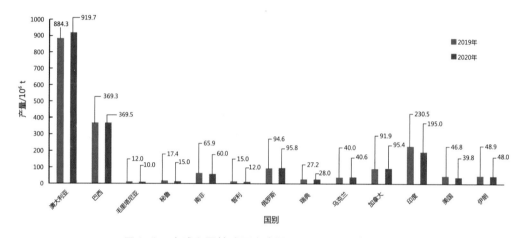

图1-1 全球主要铁矿石生产国2019—2020产量对比

根据我国自然资源部2019年《中国矿产资源报告》，至2018年底，我国探明铁矿储量达852.19亿t；据2020年《中国矿产资源报告》，至2019年底，我国已探明储量的铁矿产区共1834处，除上海市、香港特别行政区外，铁矿在全国各地均有分布，以东北、华北地区资源最为丰富，西南、中南地区次之。就省（区）而言，探明储量辽宁位居榜首，河北、四川、山西、安徽、云南、内蒙古次之。我国虽然铁矿资源储量丰富，但贫矿多，富矿少，富铁矿保有量仅占总储量的2.53%。

1.2 铁矿石分类

1.2.1 按照主要成分进行分类

目前已知的铁矿石和含铁矿物大概有300余种，常见的有170余种，其中具有工业利用价值的主要有天然铁矿（磁铁矿、褐铁矿、赤铁矿、钛铁矿、菱铁矿等）及人造富矿（烧结矿、球团矿等）。

磁铁矿（magnetite）主要成分为Fe_3O_4，是Fe_2O_3和FeO的复合物。磁铁矿多呈致密块状和粒状。颜色为铁黑色，半金属光泽，呈强磁性，白纸上划痕为黑色。密度约为5.15 g/cm^3，具有磁性。由于磁铁矿结构细密，故还原性较差。经长期风化作用后变成赤铁矿。

赤铁矿（hematite）主要成分为Fe_2O_3，赤铁矿集合体形态多样，有片状、鳞片状

（显晶质）、鲕状、肾状、致密块状等。颜色呈红褐、钢灰至铁黑等色，有金属或半金属光泽，白纸上划痕均为樱红色。密度约为 5.26 g/cm^3 左右，是最主要的铁矿石种类。由其本身结构状况的不同又可分成很多类别，如赤色赤铁矿（red hematite）、镜铁矿（specular hematite）、云母铁矿（micaceous hematite）、黏土质赤铁（red ocher）等。

褐铁矿（limonite）是由针铁矿、纤铁矿、水针铁矿和含不同结晶水的氧化铁以及泥质物质组成的混合物。化学成分变化大，水分含量变化也大。通常呈块状、鲕状、肾状或钟乳状。颜色呈红褐、暗褐至黑褐色。经风化而成的粉末状、赭石状褐铁矿则呈黄褐色。针铁矿白纸划痕为淡褐色或黄褐色，纤铁矿白纸划痕为桔红色或砖红色。密度为 3.6~4.0 g/cm^3，大多伴生在其他铁矿石之中。

钛铁矿（ilmenite）成分为 $FeTiO_3$，弱磁性，密度较大，常呈不规则粒状、鳞片状或厚板状，有一点金属光泽，颜色为铁黑色或钢灰色，白纸上划痕为钢灰色或黑色。密度为 4.4~5.0 g/cm^3，具有弱磁性。

菱铁矿（siderite）成分为 $FeCO_3$，常呈不规则粒状、结核状或葡萄状，有玻璃光泽，颜色一般为灰白或黄白，风化后可变成褐色或褐黑色等。菱铁矿在氧化水解的情况下还可变成褐铁矿。密度为 3.7~4.0 g/cm^3，常因其中 Mn 和 Mg 的含量不同而有所变化。

黄铁矿是铁的硫化物，主要成分是 FeS_2，有浅黄铜色和明亮的金属光泽，常被误认作黄金，故又称为"愚人金"。纯黄铁矿中含有 46.67% 的铁和 53.33% 的硫。一般作为生产硫磺和硫酸的原料，而不是用作炼铁原料。白纸划痕为绿黑或褐黑色。密度约为 4.9~5.2 g/cm^3。

烧结矿是将含铁粉矿通过焙烧工艺制成粒度均匀、粉末少、强度好的良好冶金性能的人造块矿。球团矿是把含铁湿润细磨的精粉矿和少量添加剂混合，通过造球工艺制成粒度均匀、含铁量高、还原性好、低温强度好的人造球团矿。

1.2.2 按照产地进行分类

除按主要成分分类外，铁矿石还可以根据产地进行分类，如澳大利亚的皮尔巴拉地区，巴西的铁四角地区，南非的北开普省地区等。表 1-2 对世界著名铁矿产区的主流铁矿石特性进行简单介绍。

表 1-2 主流铁矿石特性介绍

矿 种	特 性
PB 矿	产自西澳大利亚皮尔巴拉矿区，烧结性能较好，粉矿品位在 61.5%，块矿品位在 62.5%，属褐铁矿，还原性好，热强度一般，是力拓公司主营矿种。主要销往中国，剩余少部分销住日本、韩国等其他国家。
杨迪粉	产于澳大利亚，为必和必拓公司主营矿种之一。杨迪粉有 BHP 杨迪粉（小杨迪），品位典型值为 57.3%，力拓杨迪粉（大杨迪），品位典型值为 58.6%。常见的是 BHP 小杨迪。铝含量低，属褐铁矿，结晶水较高，混合制料所需水分要求较高，因其结构疏松，烧结同化性和反应性较好，可部分替代纽曼山粉矿或巴西粉矿，是各大钢铁厂理想的冶炼原料。

矿　种	特　性
罗布河粉、块	品位在 57.0% 左右，品位较低，SiO₂ 含量适中，S、P 含量低，属于褐铁矿。含水量高，会导致高燃料率及低生产率，烧结性能不好，但其烧结矿的冶炼性能较好。
麦克粉、块	品位在 61.5% 左右，目前供给中国市场多为 58.0% 左右的品位，部分属褐铁矿，烧结性能较好，含 5.0% 左右的结晶水，炼铁时烧损较高，随其配比加大，烧结矿的烧成率逐步下降。
纽曼粉、块	产于澳大利亚的东皮尔巴拉的纽曼镇的纽曼山矿，属赤铁矿，化学成分相对稳定，二氧化硅较低，杂质元素较少，烧结性能好，粉的品位在 62.5% 左右，块的品位在 65.0% 左右，由澳大利亚西澳州必和必拓公司生产。
FMG 粉	又称火箭粉，由澳大利亚第三大铁矿石生产商 FMG 公司生产，据说是用作火箭发动机燃料的一种成分，故称火箭粉，品位在 58.5% 左右，属于中低品位褐铁矿，成分稳定。该粉粒度组成较好，烧结透气性佳，有利于提高烧结矿产量。
卡拉加斯粉（卡粉）	产于巴西北部帕拉州卡拉加斯矿，为软赤铁矿资源，平均品位高达 67.0%，块矿产出率低，具有品位高、氧化铝含量低、有害杂质少、烧结性能好的特点，是最优质的铁矿石资源。但卡粉通常水分含量比较高，运输成本高，黏性大，不利于卸货和运输。
粗巴粉	即巴西粗颗粒粉矿，是巴西粗粉的统称，包括 SSFT 粉、CSN 粉、南部粉等。品位为 65.0%~58.0%，其中东南部铁四角地区生产的矿粉冶炼性能最好。
印度粉	印度产粉铁矿的统称，品种比较多。通常属于铝、锰含量较高、结晶水含量适中的赤铁矿。品位为 40.0%~63.5% 不等，高品位冶炼性能优良，低品位硅铝成分较高，具有较高的冶炼价值。
南非粉、块	南非昆巴铁矿石（Kumba），阿斯芒铁矿（Assmang）等多属于赤铁矿，品位高，杂质少，还原性好，但热强度一般。南非铁矿石通常含有较高的碱金属，对焦炭冶金性能产生有害影响。

1.2.3　按照品位进行分类

铁矿石品位是指金属矿床中铁成分的富集程度及单位含量，通常用含铁量百分比来表示。铁矿石品位高低决定矿产资源开发利用价值大小、加工利用方向与生产技术工艺流程等，是分析铁矿石资源的一个重要指标。世界各国对品位的划分并没有一个统一的标准，我国通常将含铁量 50% 以上的矿称为富矿，35%~50% 称为低品矿，25%~35% 称为贫矿，25% 以下称为超贫。从传统意义上来说，含铁量低于 25% 的矿石都被认为是没有采选价值的，但近年来受现货矿价格暴涨的影响和采矿、选矿技术的发展，含铁量低于 25% 的矿石的开采也越来越受重视。

1.2.4　按照粒度进行分类

铁矿石的粒度和气孔度的大小对高炉冶炼的进程影响很大。粒度过小时影响高炉内料柱的透气性，致使煤气上升阻力增大；粒度过大又将影响炉料的加热和矿石的还原。由于粒度大，减少了煤气和矿石的接触，使得矿石中心部分不易还原，从而使还原速度降低，焦比升高。因此矿石粒度也是衡量矿石品质的一项重要指标。在粒度分类上，按标准 GB/T 20565—2006《铁矿石和直接还原铁术语》规定，以 6.3～10.0 mm 为限，由粒度下限为 10.0～6.3 mm 的粗颗粒组成的矿石为块矿，粒度上限为 10.0～6.3 mm 颗粒组成的为粉矿，1.0 mm 以下细颗粒组成的矿石为精粉矿，通过选矿富集得到，主要用于人工造块，50.0 mm 以上的矿石在工业生产上无法直接使用，需要进行再次破碎加工。因此现有的铁矿取样设备基本以 50.0 mm 为限，50.0 mm 以上的无法用机械进行取样。另外还有一种铁矿石原矿，指从矿山开采出来未经选矿或其他技术加工的矿石，原矿粒度较大，大多超过 300.0 mm。少数原矿可直接应用，大多数原矿需经选矿或其他技术加工后才能利用。

1.3 世界主要铁矿产区简介

全球铁矿资源虽然总量丰富，但分布却很不均匀，根据世界钢铁协会和全球金属网统计资料，全球铁矿资源相对集中分布在以下巨型铁矿区（带）中：澳大利亚的哈默斯利；巴西的卡拉加斯和"铁四角"；加拿大的拉布拉多；美国的苏必利尔湖区；俄罗斯的库尔斯克和卡奇卡纳尔；乌克兰的克里沃罗格；哈萨克斯坦的图尔盖；巴西和玻利维亚交界的穆通—乌鲁库姆；印度的比哈尔邦—奥里萨邦；中央邦及卡纳塔克邦；中国的鞍本—冀东；攀西；法国的洛林；瑞典的基鲁纳；委内瑞拉的玻利瓦尔；南非的赛申—德兰士瓦；西非（利比里亚和几内亚）的宁巴山—西芒杜等。这些铁矿区（带）不仅在本国占有主导地位，而且拥有目前全球 85% 的铁矿储量和 90% 以上的产量，是全球钢铁工业生产的铁矿资源基地和开采中心[1]。

目前全球已统计的 1833 个铁矿床中，大型、超大型铁矿床有 348 个，约占总数的 19%，而大型、超大型铁矿床的资源量占铁资源总量的 79.4%，规模大于 10 亿 t 的铁矿数为 137 个，约占总数的 7.4%，占铁资源总量的 68.8%。我国铁矿资源量排名虽然位于全球前列，但以中小型矿床为主，大型、超大型铁矿床数量不多，与澳大利亚、巴西、俄罗斯和加拿大等国相去甚远。

铁矿资源的集中，造就了 RioTinto（澳大利亚力拓）、BHP（澳大利亚必和必拓）、Vale（巴西淡水河谷）、FMG（澳大利亚 FMG）、Portman（澳大利亚波特曼）、Midwest（澳大利亚中西部）等世界著名铁矿石生产企业。据公开数据，2020 年四大矿业集团 RioTinto、BHP、FMG、Vale 发货量分别为 3.4 亿 t、3.0 亿 t、2.7 亿 t、1.9 亿 t，占到当年全球铁矿石总产量的 50%，处于全球垄断地位。其中，除了 Vale 受 2019 年矿难事故影响发货量较去年有所下降之外，其余三个矿山 RioTinto、BHP 和 FMG 发货量较 2019 年均有所上升，同比增幅分别为 0.65%，4.28% 和 4.50%。Vale 受疫情影响，第一季度铁矿石总产量处于低位，到 2020 年底月均发货量已连续三月超出去年同期，涨幅在 13% 左右。四大矿业集团之外的矿业公司习惯称为非主流矿业公司。不同于四大矿业集团，前 20 大非主流矿业公司的产量基本保持稳定。

1.4 我国铁矿石进口现状

我国虽然铁矿总量较高，但依然依赖进口，造成这一局面的主要原因是：一是我国虽然铁矿总量大，但铁矿品质不高，铁含量低，平均品位不足 30%，远低于世界平均水平，须经选矿富集后才能使用，冶炼成本高；二是我国多元素共生的复合矿石较多，矿体复杂，利用难度大，选矿工艺流程复杂，生产成本高；三是国外矿石在质量和品位方面明显优于国内矿石，而且国际铁矿石产能巨大。进口铁矿可节省保护国内铁矿资源，优化资源配置和钢铁炉料结构。因此我国目前铁矿以进口为主，自产为辅，全球主要的铁矿产出国如澳大利亚、巴西、俄罗斯等，都是我国主要的铁矿进口来源。

我国自 2003 年成为世界第一大铁矿石进口国后，铁矿石进口量逐年增加，如图 1-2 所示，2020 年我国进口铁矿砂及其精矿总量达到 11.72 亿 t，同比增加 9.5%，对应金额为 8228.7 亿元人民币（约合 1189.44 亿美元），同比增加 17.4%。我国进口铁矿石已占世界铁矿石贸易量的 70% 以上。2020 年我国钢铁产业对成品铁矿石需求量大约为 14.8 亿 t，进口铁矿石依存度接近 80%。

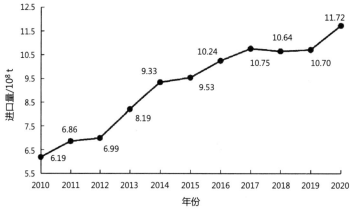

图 1-2　2011—2020 年我国铁矿石年进口量

2016—2020 年间，我国从澳大利亚进口铁矿石占进口总量的 60% 以上，从巴西进口铁矿石占进口总量 20% 以上，连续多年占据我国进口矿石产量的前两位。为满足国内市场对铁矿石的巨大需求，保障供给稳定，我国采取了多元化进口策略。除澳大利亚、巴西两大主供国外，近年持续加大从南非、伊朗、秘鲁、智利、加拿大、印度等 30 多个国家和地区的矿石进口力度。在非主流国家中，南非常年稳居第一，从南非进口的铁矿石占进口铁矿石总量的 4% 左右。图 1-3 列出了中国 2016—2020 年间分别从澳大利亚、巴西、南非、其他国家进口的铁矿质量及占比。

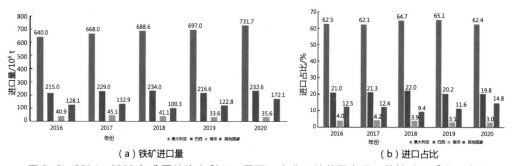

（a）铁矿进口量　　　　　　　　　　（b）进口占比

图 1-3　2016—2020 年我国从澳大利亚、巴西、南非及其他国家进口的铁矿石质量及占比

在其他非主流国家中：2020 年中国进口的印度铁矿石总量达 4480 万 t，与 2019 年进口的 2380 万 t 相比，增长了近 90%，达到了近 9 年以来的最高水平；自乌克兰进口的铁矿石量同比增长 70.5%，达 1580 万 t；自加拿大进口的铁矿石量同比增长 11.8%，达 1310 万 t。

2　进口铁矿石产地溯源技术基础

2.1　产地溯源目的和意义

我国是世界上最大的铁矿石进口国，进口铁矿石关系我国钢铁工业的健康发展，2020 年我国铁矿石进口量约为 11.7 亿 t，对外依存度超过 80%。铁矿石进口过程中不乏存在掺杂、掺假、以次充好现象，虽然集中于个案，但对我国国门安全、经济安全的危害不容小觑。因此，海关对进口铁矿石开展放射性检验、外来夹杂物检疫、固体废物属性鉴别、品质检验、有害元素监测等，以预防涉及安全、卫生、环保、欺诈等方面的风险。

开展进口铁矿石产地溯源研究，构建进口铁矿石信息库，可基于历史大数据实现对进口铁矿石的风险评价，为质量保障和国家宏观管控提供技术支撑。2020 年 11 月 25 日，生态环境部等多部门联合发布《关于全面禁止进口固体废物有关事项的公告》，要求自 2021 年 1 月 1 日起，禁止以任何方式进口固体废物。原产地、品名等是铁矿石入境报关时的申报信息，对进口铁矿石的产地及品牌进行符合性验证，可以快速筛选掺杂、掺假、以次充好等现象，为固体废物禁令的实施提供技术保障。开展进口铁矿石产品产地溯源研究，也可为我国履行联合国安理会"禁运"协议提供技术手段，体现国际责任。

资源类矿产品产地溯源需求一般起源于特殊的国际环境。美国海关早在 19 世纪 90 年代就曾开展进口原油原产地分析，针对性应用于部分国家原油管控。日本海关 2006 年开始管制朝鲜无烟煤进口，制定了无烟煤原产地识别化验方法。与美国海关、日本海关相比，我国海关在资源类矿产品原产地分析领域仍存在技术空白。因此，研发便捷实用的进口铁矿石产地溯源技术，建立我国的进口铁矿石产地溯源体系，是目前急需解决的问题。

2.2　产地溯源检测技术

铁矿石中各元素检测方法按测定原理和使用的仪器设备不同，可分为化学分析法和仪器分析法。化学分析法是以化学反应为基础的分析方法，又分为滴定分析法、称量分析法和气体分析法。经过多年研究和应用，化学分析法已成为铁矿元素检测的经典方法，可用于铁矿石中许多成分如总铁、硅、铝、磷、硫、亚铁等的常量和半微量分析检验。

仪器分析法是借助分析仪器测量产品的物理或化学性质，进行定性或定量测定的分析方法，包括光学分析法、电化学分析法、色谱和质谱分析法等，常用于产品的微量分析或痕量分析，也可用于半微量分析。近年来随着机械、微电子、光学等技术的发展，仪器分析方法在铁矿石分析领域得到了越来越多的应用。仪器分析方法在检验标准中所占比重也逐年上升，对部分元素已逐渐用仪器分析代替经典的化学分析。仪器分析的快速、灵敏、检出限低的优点已得到验证，未来有望成为铁矿石分析的主要技术方向。

2.2.1　X射线荧光光谱

X射线荧光光谱仪始于20世纪50年代，主要包括波长色散型X射线荧光光谱仪和能量色散型X射线荧光光谱仪，在地质、冶金、材料、环境、工业等无机元素分析领域得到了极其广泛的应用。

2.2.1.1　基本原理

X射线是一种电磁波，波长为0.001~10.000 nm。X射线的辐射能是由光子进行传输，当X射线光子与物质作用时，主要产生荧光、吸收和散射三种相互作用。应用X射线管产生的初级X射线作为激发源辐射样品，样品中各个元素受激发后，发出各元素的特征X射线，这种特征X射线谱称为X射线荧光光谱，利用X射线荧光的波长和强度对样品中化学元素进行定性和定量分析的方法即为X射线荧光光谱法。

当能量高于原子内层电子结合能的高能X射线与原子发生碰撞时，驱逐一个内层电子将出现一个空穴，这使得整个原子体系处于不稳定的激发状态，然后自发地由能量高的状态跃迁到能量低的状态，这个过程称为驰豫过程。驰豫过程既可以是非辐射跃迁，也可以是辐射跃迁。当较外层的电子跃迁到空穴时，所释放的能量随即在原子内部被吸收而逐出较外层的另一个次级光电子，称为俄歇效应，所逐出的次级光电子称为俄歇电子。它的能量是特征的，与入射辐射的能量无关。当较外层的电子跃入内层空穴时所释放的能量不在原子内被吸收，而是以辐射形式放出，便产生X射线荧光，其能量等于两能级之间的能量差。因此，X射线荧光的能量或波长是特征性的，与元素是一一对应的关系[2]。图1-4为X射线荧光和俄歇电子产生过程示意图。

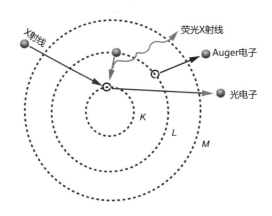

图1-4　X射线荧光和俄歇电子产生过程示意图

K层电子被逐出后，其空穴可以被外层中任一电子所填充，从而可产生一系列的谱线，称为K系谱线，如由L层跃迁到K层辐射的X射线叫Kα射线，由M层跃迁到K层辐射的X射线叫Kβ射线。同样，L、M层电子被逐出可以产生L系、M系X射线。如果入射的 X 射线使某元素的 K 层电子激发成光电子后 L 层电子跃迁到 K 层，此时就有能量 ΔE 释放出来，且 $\Delta E = E_K - E_L = h\nu$，这个能量是以 X 射线形式释放，产生的就是 Kα 射线，同样还可以产生 Kβ 射线，L 系射线等。

2.2.1.2　X 射线荧光光谱法优点

（1）分析的元素范围广，从 ^{4}Be 到 ^{92}U 均可测定。

（2）荧光 X 射线谱线简单，相互干扰少，样品不必分离，分析方法简便。

（3）分析浓度范围较宽，从常量到微量都可分析。重元素的检测限可达 10^{-6} 量级，轻元素稍差。

（4）分析样品不被破坏，检测过程快速，人为干扰小，便于自动化。

进行 X 射线荧光光谱分析的样品，可以是固态，也可以是液态，无论什么样品，一般都需要对样品进行制样，以便得到一种均匀的能代表样品整体组成并可为仪器测试的试样。样品制备的情况对测定误差影响很大，一般应具备一定尺寸和厚度，表面平整，可放入仪器专用的样品盒中，同时要求制样过程具有良好的重现性。

2.2.1.3　X 射线荧光光谱样品预处理技术

对于矿产品，一般要先经过干燥、研磨、缩分等步骤对样品进行预加工，制成一定粒度的均匀粉末状样品。在研磨过程中，要根据不同的样品和测量要求选择合适的研磨材料，常见的有玛瑙、碳化钨、硬质铬钢、氧化锆、烧结刚玉等，同时避免样品受到污染。样品经预处理制成均匀粉末状后，即可用于测定。主要样品预处理方法有粉末直接测定法、粉末压片法和玻璃熔片法三种。

（1）粉末直接测定法。粉末样品可直接放在光谱仪合适的容器内直接测定，在样品不易压片成型或希望回收样品时，可以采用这种方法。该方法一般是将松散粉末放入塑料容器中，用高分子膜封住作为分析窗口。由于高分子膜对长波 X 射线的吸收作用，轻元素的分析灵敏度较差，重元素的分析基本不受膜吸收的影响。粉末直接测定法的优点是制样简单，对不产生辐照分解的样品（如矿样）完全没有损失和破坏，主要缺点是其局部的不均匀性和制样的重复性问题。因此，粉末直接测定法常用于能量色散型 X 射线光谱仪的半定量或定性分析，而在定量分析方面使用不多。

（2）粉末压片法。当粉末的粒度效应和矿物结构效应可以忽略时，粉末压片是使用最多的制样方法，其步骤主要包括：干燥和焙烧、混合和研磨、压片。干燥的目的是除去吸附水，提高制样的精度。如有必要，还需对矿物进行焙烧，焙烧过程可改变矿物结构，克服矿物效应对分析结果的影响。焙烧还可除去结晶水和碳酸根。但若样品存在还原性物质，在空气中焙烧也会引起氧化。研磨的目的是降低或消除样品的不均匀性。如样品容易"团聚"，在研磨过程中加入助磨剂有利于提高研磨效率，如水泥生料在粉碎时，加入硬脂酸或三乙醇胺，可大大提高研磨效率，并且有利于料体的清洗。若试料本身黏结性较小，不容易压制成片，还需要加入少量黏结剂混合研磨，常用黏结剂有硼酸、甲基纤维素、硬脂酸、石蜡等。在研磨时，需特别注意选择合适的研磨容器，防止试样的污染，在分析痕量或微量元素时，这点尤为重要，如采用碳化钨料体时，Co 的污染严重，试样中质量分数低于 0.05% 的 Co 通常无法测定。

经研磨制备好的粉末样品，可放入模具中压制成片，压制样品的压力和时间对 X

射线荧光强度有较大影响，因此需保证标样和样品的压力和时间一致。对于地质矿样，常用的压片方法有压环法和镶边（衬底）法。

压环法。一般推荐采用钢环、铝环或塑料环，其中塑料环的使用较为广泛，适合多种类型的样品，成本也比较低廉。但对有些样品，在压制后塑料压环会反弹，使样品表面与压环表面出现高度差，会影响定量分析的结果，此种情况下，选择使用铝环或钢环可以较好地解决问题。

镶边（衬底）法。此方法对试样量少或黏结性不好的样品特别适用。目前普遍采用的是硼酸或低压聚乙烯镶边/衬底技术，其过程是在圆柱式压模内嵌入一个带三个定位棱的圆筒，筒内装入样品，整平后，在其上方及压模与圆筒之间的缝隙加镶边衬底物质，然后取出定位圆筒后压制成片。

（3）玻璃熔片法[3]。有些岩石矿物类样品即使磨成很小的颗粒，也是不均匀的。其原因是矿物组成很复杂，只有通过熔融形成玻璃体，方能消除矿物效应和颗粒度效应。除此之外，熔融法还具有使标准样品所含元素含量范围扩大，降低元素间吸收增强效应，熔融后的标准样品可长期保存等优点。缺点是消耗试剂，制样时间长，增加分析成本。在熔融过程中有些元素容易挥发，影响测定准确度。

玻璃熔片法适用于各种类型的铁矿石。按规定称取一定量的试样和预先制备的熔剂于特制的铂-金坩埚中，在 $1050 \sim 1100\ ℃$ 下熔融成玻璃体状的溶液。熔剂可以是四硼酸锂和偏硼酸锂按比例混合的熔剂，或单用四硼酸锂（也可单用四硼酸钠），加少许硝酸钠，以确保各种组分（特别是铁和硫）完全氧化，同时加碘化铵作为脱模剂。浇铸前应检查模具是否保持平整、清洁，熔融体中不能有气泡，模具要预加热，以使其温度接近 $1000\ ℃$，熔液倒入模具后，应用压缩空气冷却其底部，使之逐渐冷却至室温，取出玻璃体，供测定使用。若玻璃片表面不平整，需要用砂纸磨平并抛光。

2.2.2　激光诱导击穿光谱

激光诱导击穿光谱（laser-induced breakdown spectroscopy，LIBS）是一种以高能量激光脉冲轰击物质表面，通过高温烧蚀形成等离子体以获取物质元素成分和含量信息的新型原子发射光谱技术[4]。其起源最早可以追溯到 1917 年初，爱因斯坦提出的受激辐射理论使激光的存在成为可能。1958 年，Shawlow 和 Townes 首次发现了可见光谱范围内的激光。1960 年，Maiman 利用光泵制作出第一个红宝石激光器。1962 年，Brech 和 Cross 首次探测到该激光器诱导产生的等离子体光谱，标志着 LIBS 的诞生，至今已有近 60 年的历史。

2.2.2.1　基本原理

激光脉冲作用于样品表面的时间演变机理[5-6] 如图 1-5 所示。首先将高能激光脉冲聚焦于样品微区表面（1），其辐射能量被局部耦合到样品表面，使烧蚀位置材料的温度逐渐升高并开始熔化（2）。受到高温环境（最高可达 $10^4 \sim 10^7\ ℃$）的影响，样品开始蒸发、解离，形成蒸汽团并向外膨胀（3）。激光聚焦区域物质的原子和分子继续吸收大量光子，当激光能量密度超过靶材的电离击穿阈值（一般在 GW/cm^2 量级）时，照射区被电离产生初始自由电子，这些自由电子在激光脉冲的持续作用下加速，不断轰击周围原子进一步电离，逐渐形成雪崩效应，大量极不稳定的等离子体由此产生

（4）。当激光脉冲停止后，等离子体冷却过程中体积逐渐膨胀且温度不断降低，等离子体中原子、激发态的离子和自由电子向低能级跃迁，整个衰变过程中部分能量以具有样品元素特性的电磁波形式向外辐射（5-7），这种辐射被光谱仪检测到，用于后期的光谱解析，对样品进行定性和定量研究。最终，在等离子体膨胀的内在动力和外加气流的驱动下，部分蒸发的物质从相互作用区移除，形成一个局部剥蚀坑（8）。

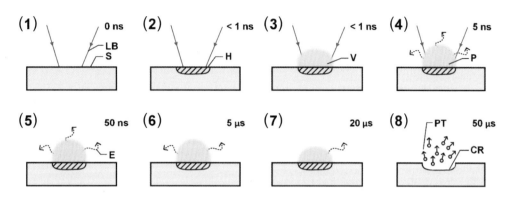

注：LB：入射激光束；S：靶材；H：能量沉积区；V：材料蒸汽；P：等离子体；E：元素特异性发射；CR：烧蚀坑；PT：靶材蒸发颗粒。

图1-5　激光诱导等离子体时间演化示意图

2.2.2.2　仪器组成

传统的LIBS装置主要由激光光源系统、激光聚焦系统、等离子体辐射收集系统、光谱仪、样品台、控制电路及数据处理等系统组成。试验装置原理图如图1-6所示。

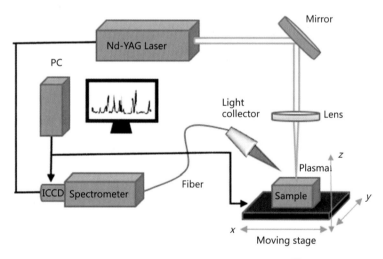

图1-6　激光诱导击穿光谱仪器组成图[7]

LIBS光谱分析仪器各部件基本工作流程：计算机系统控制激光发射指令，激光器收到指令后会发射高能量的脉冲激光，经过光学系统的折射、扩束、聚焦等作用，聚焦于放置在三维样品台上的样品微小区域。同时，光电管感应脉冲激光，并将信号传送给延时器，记录延迟时间。样品表面附近架设的光纤附有准直器，用于均匀化样品处等离子体的轨迹[8]。当物质中跃迁原子回到基态时，所发射的特征光信号通过电荷耦合器件（CCD）或增强电荷耦合器件（ICCD）转换为电信号，传输给计算机进行数字化处理，最终直观显示成横坐标为波长、纵坐标为发射线相对强度的光谱图。光谱数据可由不同制造商的专业软件与美国国家标准与技术研究院（NIST）数据库进行比对并解析光谱检出元素特征峰，以便进一步做数据预处理和定性定量分析。

2.2.2.3　技术特点

（1）既能用于分析导体又能用于分析非导体，适用于气体、液体、固体等的检测，适用面非常广泛。

（2）可以分析高硬度、难溶的物质，如陶瓷、一些超导体等。

（3）样品准备简单，不需要复杂的预处理，研究对象再污染的几率很小。

（4）对样品的破坏性小，对试验对象所在的整个系统无干扰。

（5）拥有远程测试能力，适用于恶劣测试环境（比如高温、辐射、真空、超低温、强腐蚀等场合）。

（6）可以同时对多种元素进行分析。

（7）所需样品量少（$0.1 \sim 1000.0$ μg）。

（8）检测过程简单快速，物质蒸发和激化可一次性完成，实现真正的快速分析。

超短脉冲激光聚焦后能量密度较高，可以将任何物态（固态、液态、气态）的样品激发形成等离子体，激光诱导击穿光谱技术理论上可以分析任何物态的样品，仅受激光的功率以及摄谱仪和检测器的灵敏度和波长范围的限制。另外几乎所有的元素被激发形成等离子体后都会发出特征谱线，因此，LIBS可以分析大多数的元素。如果要分析的材料的成分是已知的，LIBS可用于评估每个构成元素的相对丰度或检测是否有杂质的存在。

2.2.2.4　技术应用

LIBS技术自诞生后便凭借其自身的独特优势逐渐深入应用到科研、高校、实验室及工业生产等众多领域，不仅在物质材料或是痕量元素的分析领域得到广泛应用，而且在环境污染的实时监测、冶金行业、材料加工的在线控制等领域的应用中也得到迅猛发展。在铁矿石检测领域，激光诱导击穿光谱技术也正发挥着越来越重要的作用。通常铁矿样品中含有包括Fe、Ca、Cu、Si、Mg等多种物质元素，这些元素都有其相对应的特征谱线，通过对已知元素的标准样品进行LIBS光谱检测，建立不同元素含量与特征谱线强度的对应关系，可以在此基础上对待测矿石样品元素含量进行半定量或定量测量。

2.2.3　偏光显微技术

偏光显微镜（polarizing microscope，PM）是用于研究所谓透明与不透明各向异性材料的一种显微镜，是研究晶体光学性质的重要仪器，同时也是其他晶体光学研究法的基础，在地质学等理工科专业中有着重要的应用。世界上第一台可用来观察矿物、岩石的偏光显微镜是由英国物理学家与地质学家尼科尔于1828年发明的。偏反光显微镜是鉴定物质细微结构光学性质的一种显微镜。凡具有双折射性的物质，均可在偏光显微镜下进行分辨和观察。

偏光显微镜是利用光的偏振特性对具有双折射性物质进行研究鉴定的必备仪器，可做单偏光观察，正交偏光观察，锥光观察等。其特点是将普通光改变为偏振光，以鉴别某一物质是单折射性（各向同性）或双折射性（各向异性）。双折射性是晶体的基本特征。因此，透反射偏光显微镜被广泛地应用在矿物学、生物学、化学等领域。偏光显微镜可观察到微米及以上尺寸的晶体，最大分辨率可达 $0.04~\mu m$。

2.2.3.1　基本原理

（1）光的单折射性与双折射性。光线通过某一物质时，如光的性质和进路不因照射方向而改变，这种物质在光学上就具有"各向同性"，又称单折射体，如普通气体、液体以及非结晶性固体；若光线通过另一物质时，光的速度、折射率、吸收性和光波的振动性、振幅等因照射方向而有不同，这种物质在光学上则具有"各向异性"，又称双折射体，如晶体、纤维等。

（2）光的偏振现象。光波根据振动的特点，可分为自然光与偏光。自然光的振动特点是在垂直光波传导轴上具有许多振动面，各平面上振动的振幅相同，其频率也相同；自然光经过反射、折射、双折射及吸收等作用，可以成为只在一个方向上振动的光波，这种光波则称为"偏光"或"偏振光"。

（3）偏光的产生及其作用。偏光显微镜最重要的部件是偏光装置——起偏器和检偏器，由两个偏振镜组成。装置在光源与被检物体之间的叫"起偏镜"，装置在物镜与目镜之间的叫"检偏镜"。从光源射出的光线通过两个偏振镜时：如果起偏镜与检偏镜的振动方向互相平行，即处于"平行检偏位"情况时，视场最为明亮；反之，若两者互相垂直，即处于"正交检偏位"情况时，则视场完全黑暗，视场明亮程度取决于两者倾斜程度。因此，在采用透射偏光显微镜检时，应在起偏镜与检偏镜处于正交检偏位的状态下进行。

（4）正交检偏位下的双折射体。在正交的情况下，视场是黑暗的，如果被检物体中含有双折射性物质，则这部分就会发光。双折射体正交情况下，每旋转载物台90°，视场会变暗一次，变暗的位置是双折射体的两个振动方向与两个偏振镜的振动方向相一致的位置，称为"消光位置"。从消光位置旋转45°，被检物体变为最亮，称为"对角位置"。根据上述基本原理，利用透反射偏光显微镜术就可判断各向同性（单折射体）和各向异性（双折射体）物质。

（5）矿物的吸收性。光波照射到矿物表面，会引起价电子的振动和跃迁，消耗了入射光的部分能量，从而使透射光线或反射光线的强度比入射光强度小，这一物理现象称为矿物对光的吸收。光射入吸收性矿物后，其振幅随透入深度的增大而逐渐减小。光波进入矿物其强度逐渐衰减的现象称为矿物的吸收性。吸收性强弱可以用吸收系数 K 表示。吸收系数 K 越大，矿物的吸收性越强。

（6）均质体与非均质体。均质体矿物各方向的切片，在正交偏光镜间均为全消光，在锥光镜下也无干涉图。非均质体矿物，只有垂直于光轴的切片在正交偏光镜下为全消光，其他方向的切片在正交偏光镜下均出现四明四暗的消光现象，如用白光照射并产生干涉色。非均质体矿物的薄片在锥光镜下产生各种类型的干涉图。

偏光显微镜用于未知矿物鉴定的常见程序见图1-7。

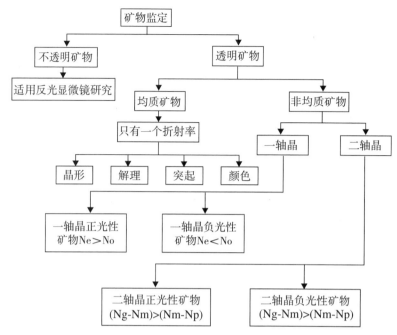

H：折射介质对入射介质的折射率；Ne：一轴晶矿物非常光折射率；No：一轴晶矿物常光折射率；

Ng：二轴晶矿物大主折射率；Nm：二轴晶矿物中主折射率；Np：二轴晶矿物小主折射率。

图 1-7　偏光显微镜矿物鉴定流程图

2.2.3.2　仪器结构

偏光显微镜是光学显微法进行岩矿鉴定的基本工具，也是研究矿物光学性质的重要仪器，其结构比普通显微镜更为复杂。偏光显微镜的品牌、型号很多，但基本结构大致相似。主要分为机械系统、光学系统和附件三大部分，机械系统包括镜座、镜臂、镜筒、载物台、锁光圈等。光学系统包括光源、反光镜、下偏光镜、锥光镜、物镜、上偏光镜、勃氏镜、目镜等。除上述主要部件外，还配有石膏试板、云母试板、石英楔、物镜中心校正螺丝、机械台、显微尺等附件。有的偏光显微镜还有专门的附件，如灯光源、垂直照明器、旋转台、显微照相设备等，用于辅助观察。

在众多的铁矿石检测设备中，偏光显微镜以其使用方便，价格低廉的优点成为研究矿石结构的主要仪器，它在矿石学研究中有着不可替代的重要作用。可用于研究的内容包括不透明矿物（特别是金属矿物）的鉴定、矿石矿物共生组合、矿石结构、矿物生成顺序及成矿阶段划分、矿床成因机理和成因标志研究、矿石工艺性质研究、冶金产品的结构和工艺性质研究等。除了满足常规的矿石研究外，它还能为其他研究方法提供最可靠的资料，是其他研究方法的基础。

2.2.4　高分辨电感耦合等离子体质谱

电感耦合等离子体质谱（inductively coupled plasma mass spectrometry，ICP-MS）是地球化学调查样品多元素分析中重要的配套分析方法之一[9]，具有其他分析技术不可比拟的优点，如多元素快速分析、定性定量范围广、对常规元素分析的动态线性范围宽等优点，但质谱干扰仍是 ICP-MS 分析中不可忽视的问题[10]。质谱干扰在一定程度上限制了 ICP-MS 多元素分析的能力，尤其对痕量元素分析产生严重障碍。高分辨电感耦合等离子体质谱（HR-ICP-MS）也称扇形磁场电感耦合等离子体质谱（SF-ICP-MS），具有高、中、低 3 种分辨率模式，可以利用干扰和目标元素质量数之间的微弱差别将它们的质谱峰分开（例如 $^{56}Fe^+$ 与 $^{40}Ar^{16}O^+$），是痕量元素测定中最简单、最有效克服质谱干扰的方法之一。与四级杆电感耦合等离子质谱（Q-ICP-MS）相比，HR-ICP-MS 可以解决大多数同量异位素及多原子、氧化物干扰问题[11]，对复杂基质中痕量元素尤其是稀土元素的准确测定，具有其他方法无法比拟的优越性。因此，HR-ICP-MS 在生物医学[12]、石油化工[13]、冶金分析[14-15]、食品安全[16]、环境分析[17-18] 等领域越来越受到关注。

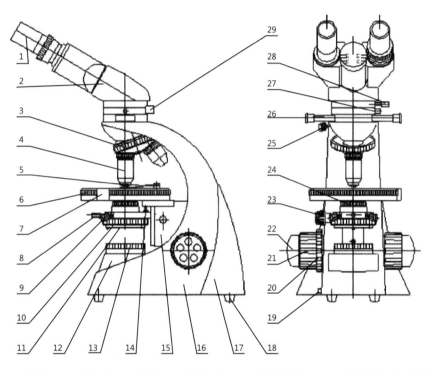

1—目镜；2—观察头；3—转换器；4—物镜；5—标本压片；6—回转圆工作台；7—角度游标；8—聚光镜固定螺钉；9—孔径光栏中心调节螺钉；10—孔径光栏拨盘；11—滤色片架；12—集光镜座；13—起偏器；14—聚光镜限位螺钉；15—工作台托架；16—机架；17—塑料盖板；18—橡皮底脚；19—调光拨盘；20 调焦力矩调节手轮；21—粗动手轮；22—微动手轮；23—聚光镜升降手轮；24—阿贝聚光镜；25—检偏装置固定螺钉；26—光程补偿器；27—检偏器拨杆；28—观察头固定螺钉；29—检偏器。

图 1-8 偏光显微镜结构示意图

2.2.4.1 工作原理及仪器构成

HR-ICP-MS 是以电感耦合等离子体为离子源、扇形磁场质谱为检测器的元素及同位素分析技术。利用在电感线圈上施加强大功率的高频射频信号在线圈内部形成高温等离子体，并通过气体的推动，保证等离子体的平衡和持续电离。被分析样品由蠕动泵送入雾化器形成气溶胶，由载气带入等离子体焰炬中心区，发生蒸发、分解、激发和电离。随后接口将等离子体中的离子有效传输到质谱仪，通过选择不同质核比

（*m/z*）的离子通过来检测待测离子的强度，进而分析计算出待测元素的浓度[19]。

HR-ICP-MS 仪器的基本结构包括进样系统、离子源、接口、传输透镜、分析器和检测器（仪器结构示意图见图1-9）。与四级杆 ICP-MS 的结构相比，不同之处仅在于质量分析器。HR-ICP-MS 利用两种质量分析器来实现离子的分离：一种是扇形磁场分析器，另一种是扇形静电分析器。扇形磁场对离子具有质量分离的作用，相同质量和相同速度的离子从同一点以不同角度入射到磁场中，在磁场中运动的轨迹不同但出磁场后会聚集到某一点，这一过程称为"方向聚焦"。由于离子在离子源中的动能并不为零且各不相同，为了克服离子的动能发散对分辨率的影响，通常在扇形磁场分析器的前后加一个扇形静电分析器来实现"能量聚焦"。这种同时实现"能量聚焦"和"方向聚焦"的质谱仪大大提高了仪器的分辨率，因此被称为高分辨率磁质谱仪[20]。HR-ICP-MS 商品仪器可设置的分辨率范围为300~10 000，从分析物信号中分离干扰信号的能力取决于分析物和干扰离子之间的质量差异以及信号强度与仪器分辨率的比值。HR-ICP-MS 仪器主要有两种基本类型，一种是单接收器扇形磁场等离子体质谱仪器，另一种是多接收器扇形磁场等离子体质谱仪。单接收器的仪器通过改变磁场和电场的强度使不同离子按时间顺序到达单接收器进行检测，常用于元素分析，其同位素比值精度比 Q-ICP-MS 高，但是比多接收器要低。多接收器的仪器也称 MC-ICP-MS，具有高同位素比值分析精度，可同时测定多种同位素[21]。

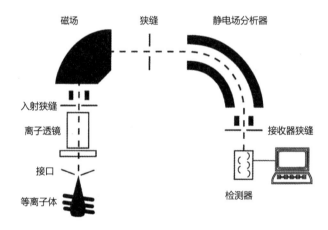

图1-9　高分辨电感耦合等离子体质谱仪结构示意图

2.2.4.2　技术特点

ICP-MS 因其灵敏度高、检出限低、定量分析范围广、线性范围宽、多元素快速分析等特点，被公认为是最强有力的痕量及超痕量元素分析技术之一[22]，但也存在一个缺点即质谱干扰问题，如多原子离子会严重干扰一些痕量元素的直接测定。自 Q-ICP-MS 得到广泛应用以来，寻求解决质谱干扰的研究始终是该领域的一个重点。已有多种方法被提出用于解决质谱干扰问题，例如数学校正、冷等离子体条件、痕量/基体分离、改变样品引入方法或气溶胶去溶剂化等，但更直接通用的方法是使用 HR-ICP-MS 仪器[23]。

HR-ICP-MS 分辨率更高、检出限更低，可以解决大多数的同质异位素重叠干扰、多原子分子离子重叠干扰以及双电荷离子干扰等质谱干扰问题,并且有望实现复杂基体样品中的主、次及痕量元素的同时测定[24]。例如,克服 HfO 对[195]Pt 干扰所需的分辨率为 8 200,克服 ArCu 对[103]Rh 的干扰所需分辨率为 8 000,普通四级杆 ICP-MS 无法直接测定,但是 HR-ICP-MS 在高分辨率模式下可消除质谱干扰。

除了单独使用外,HR-ICP-MS 还可以与其他技术(如激光剥蚀系统)联用以实现更多研究目标。HP-ICP-MS 与激光剥蚀系统联用,可以直接对固体样品进行定性和定量分析,在年代学研究及原位微区分析方面都有较大进展。扇形磁场仪器通常具有更高的灵敏度,可以在更高的质量分辨率下运行从而解决大部分的质谱干扰,为 LA-ICP-MS 的应用提供了更好的基础,而双聚焦仪器由于可以将扫描速度大幅增加也越来越受欢迎。HR-ICP-MS 与液相色谱、气相色谱的联用更是拓宽了仪器的应用范围,对形态分析等具有挑战性的应用也具有重要意义[25]。

2.2.4.3　应用场景

勘查地球化学作为地球化学的一门分支科学,通过测量天然介质中化学元素或化合物含量和组成来进行矿产勘查,在基础地质研究中也一直为国内外学者所重视[26]。国际上的区域化探始于 20 世纪 50 年代,国内的"区域化探全国扫面计划"自 1979 年开始实施,使用水系沉积物作为采样介质,计划测定 39 种元素,所提供的信息为新矿床的发现做出了巨大贡献。

多目标区域地球化学调查评价是在我国成功实施全国化探项目后进行的又一项目,采集的样品以土壤为主,测试的指标也增加到 54 种[27]。相比常见的岩矿分析,土壤中所测元素的含量更低,并且土壤样品在同一地区的地球化学背景差异较小,因此要想清晰地反映出这种较小的差异,就要使各种分析方法相比以往的方法具有更高的准确度和精密度,特别是要有更低的方法检出限[28]。

国家地质实验测试中心和物化探所开展的"痕量、超痕量分析新技术、新方法在地质调查中的开发应用研究"以及"勘查地球化学样品中 76 种元素测试方法技术和质量监控系统的研究"[29],重点针对多目标地质化学调查中存在的难分析元素的检测问题,要求充分发挥一些大型高新分析仪器的优势,结合先进的化学分离富集方法,解决 76 种元素的配套分析问题。面对这些日益发展的地学研究项目,从区域化探地球化学扫描要求分析的 39 种元素到多目标地球化学调查的 54 项测试指标以及地球化学的化探填图计划要求的 76 种元素[30-31],对样品的分析元素种类要求不断增加,检出限的要求越来越低,对分析技术及方法都提出了更高的要求。

此外,由于我国为资源类矿产品进口大国,其进口需求逐年递增。在对进口资源类矿产品管控过程中,为解决虚假申报、掺假识别及联合国管控国矿产品识别等问题,提出了对矿产品进行产地溯源的需求[32]。由于微量元素含量具有产地指纹特性,已有食品相关领域的研究利用其指纹特性进行产地溯源。而地质样品中所含微量及痕量元素众多,尤其是稀土元素更是作为示踪元素被广泛用于追踪和研究地质成因,因此对不同产地矿产品所含微量元素进行测定并结合化学计量学建立模型也为产地溯源提供了思路。HR-ICP-MS 作为多痕量元素的快速检测技术,在这些应用场景都具有一定优势。

2.2.5 激光剥蚀电感耦合等离子体质谱

2.2.5.1 工作原理

激光剥蚀电感耦合等离子体质谱法（laser ablation-inductively coupled plasma-mass spectrometry，LA-ICP-MS）是产生于 20 世纪 80 年代末期至 90 年代初的一门固体微区分析技术，作为一种用于直接分析固体材料中元素的分析方法，能实现对固体样品的表面分析和微区分析，是固体样品痕量、超痕量元素直接分析最有应用前景的方法之一。自诞生以来就受到了广泛的关注，目前已经在地质、海洋、核工业、环境、生物、材料、法医等科学领域得到了广泛应用。在地球科学领域，已被广泛用于地质样品整体分析、贵金属测定、岩石及其矿物组成、矿物微区环带、分配系数测定等研究，尤其在微量元素分析方面，效果显著。

基本原理是将高能激光束聚焦于固体样品表面进行剥蚀取样，即将峰值功率很高的脉冲激光聚焦到样品表面，在极短的时间里使表面局部达到很高的温度，促使试样迅速熔化蒸发，然后用载气将蒸发物输送到激发光源 ICP-MS 中，随后使用 ICP-MS 仪分析产生的气溶胶。此外，LA-ICP-MS 由激光系统和等离子体质谱联机组成，采用的是固体进样，因此不需要经历繁琐、耗时的湿法化学前处理过程，方法是将激光束聚焦于样品表面使之熔蚀，由载气（常用 He 或 Ar）将产生的样品气溶胶送至电感耦合等离子体质谱进行检测。

为了保证分析的准确度，理想的 LA-ICP-MS 分析需要满足以下三个条件：一是激光剥蚀取样具有代表性，即激光剥蚀产生的气溶胶的组成与样品组成相同；二是高的气溶胶传输效率，即传输过程中气溶胶损失较少；三是高的离子化效率，即气溶胶颗粒能在等离子体中完全原子化和离子化。但是由于基体效应、元素分馏效应的影响，准确的定量分析仍是 LA-ICP-MS 分析的一个难点，这限制了 LA-ICP-MS 的进一步应用和发展，尚待未来进一步的研究和改进[33]。

在铁矿石检测领域，传统的分析方法通常是将矿石样品用强酸或强碱溶解消化，然后用化学法或光谱法、质谱法进行检测。这一过程不仅费时费力，而且消化所用的强腐蚀性酸碱溶液大大增加了操作的复杂性和危险性，并且在样品溶解过程中难免会产生样品污染和待测元素损失等问题，影响测定结果的准确性。相比传统方法，LA-ICP-MS 在微区分析方面具有明显的优势，并能基本做到无损分析，对样品形状没有要求，样品无需制备或仅需简单制备，适用于所有的固体物质（包括绝缘材料），具有检出能力强、速度快、灵敏度高、谱图简单、多元素测定并且能分析同位素等优势，成为近年来铁矿石分析测试技术的研究热点。

2.2.5.2 仪器构成

LA-ICP-MS 测试系统主要由激光剥蚀（LA）系统和电感耦合等离子体质谱（ICP-MS）系统两部分组成，主要包括：激光系统、配有精密移动平台的样品池、ICP-MS仪和计算机等。其中：一个完整的激光剥蚀（LA）系统主要由激光发生器、波长转换和分离系统、光速传输光学系统、样品池系统、观察系统五个子系统构成（图 1-10）；一个完整的电感耦合等离子体质谱（ICP-MS）系统主要由样品引入系统、离子源、接口部分、离子聚焦系统、质量分析器、检测系统六个子系统构成（图 1-11）；此外，仪器中还配置了真空系统、供电系统和计算机系统等。

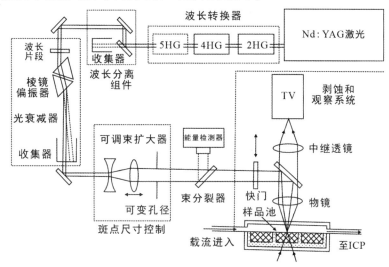

图 1-10　激光剥蚀（LA）系统结构示意图

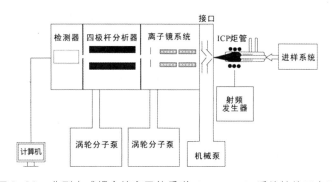

图 1-11　典型电感耦合等离子体质谱（ICP-MS）系统结构示意图

2.3　化学计量学

化学计量学诞生于 20 世纪 70 年代初期。1971 年，瑞典化学家 Svante Wold（S. 沃尔德）在为一项基金项目定名时，首次提出了"Chemometrics（化学计量学）"一词，三年后（1974 年），他与美国华盛顿大学的 Brouce Kowalski（B. R. 科瓦斯基）教授在美国西雅图成立了国际化学计量学学会（ICS），正式标志着化学计量学这门新兴学科的诞生。

化学计量学是应用数学和统计学、化学及计算机科学三者相互交叉而形成的一门新兴的化学分支学科，是化学中最具有实力和应用前景十分广泛的发展方向。国际化学计量学学会（International Chemometrics Society，ICS）对该学科的定义为：化学计量学是一门通过统计学或数学方法将对化学体系的测量值与体系的状态之间建立联系的学科。它应用数学、统计学和其他一些方法选择最优试验设计和量测方法，并通过对量测数据的处理和解析，最大限度地获取有关物质系统的成分、结构及其他相关信息。因此研究化学计量学的目的也是不断寻找新的，简便实用的方法，从大量化学数据中提取有用的信息，而计算机技术和图形学的发展，为分析数据提供了强有力的工具[34]。因此理解这门新兴学科，应从以下三方面进行深入研究：（1）要选择最优量测程序并获取最大限度信息，必须也只有借助计算机技术；（2）化学计量学研究和探讨各种化学量测过程的共性问题，如化学试验设计与优化、化学数据解析及有用信息的提取等，因而它是有关化学量测的基础理论和方法学；（3）化学计量学是化学、数学和统计学以及计算机科学诸多学科的"接口"，但同时应该注意到化学计量学又是一个学科总体，有其自身的学科体系。另一方面，化学计量学可以更具体地表达为研究应用数学和统计学方法，借助计算机技态，进行化学量测的试验设计、数据处理、分类、解析和预测的一门学科。

化学计量学的研究范围广泛，其所涉及的不同理论与方法均可以应用于分析化学。化学计量学可以应用于优化试验方法以获得较好的试验数据（如试验参数的最优化，试验设计，信号处理等）；同时化学计量学还可以从这些数据中获取有用的信息（如数据的统计处理，模式识别，模拟等）。该学科自诞生后，伴随着80年代计算机的快速普及，化学工作者应用已有的数学和统计学方法，结合化学学科的特殊性要求，创建了一系列化学量测数据的处理、分类、解析与预测等一大批化学计量学方法，应用这些方法可从大量的数据中提取出有用的信息，并尽可能地滤除随机噪声的影响，如在分析化学中采用各种滤波，平滑，变换，卷积技术和最优化技术，消除干扰，解析重叠峰信息，可提高灵敏度和准确性，改善选择性。根据这些方法编制的许多优秀的化学计量学软件，已成为现代化学量测仪器重要组成部分[35]。

2.3.1　主成分分析

在数据分析处理过程中，经常会遇到数据中变量（指标）过多的问题。变量太多不但会增加计算的复杂性，还会给合理地分析和解释问题带来一定的困难。实际上，在很多情况下，众多变量间会存在一定的相关关系，如何用较少的新变量来反映原变量所提供的大部分信息，通过对新变量的分析达到解决问题的目的，主成分分析便是在这种降维的思想下产生的处理高维数据的统计方法。

主成分分析（principal component analysis，PCA），又称为因子分析（factor analysis），是一种通过降维技术把多个指标转化为少数几个综合指标的综合统计分析方法，这些综合指标能够反映原始指标的绝大部分信息，它们通常表现为原始指标的线性组合。这一概念最早是由Karl Parson于1901年提出的。在实践中，主成分分析既可以单独使用，也可和其他方法结合使用，如主成分回归可解决回归分析中的多重共线性问题等。

主成分分析基本含义是利用特征分析的数学方法对数据阵求取特征值和特征矢量。方法是将原变量进行转换，使数目较少的新变量成为原变量的线性组合，并且新变量应最大限度地表征原变量的数据结构特征，同时不丢失信息。即主成分分析的目的是将数据降维，以消除众多信息共存中相互重叠的信息部分。对一个矩阵，利用其变量之间的共线性，对数据进行简约，这样可直观显示其内在特性。提取抽象因子有助于对相互关系的简明解释，还可有效克服不稳定算法因严重共线性即病态所引起的计算误差的放大[36]。

在主成分分析中，提取出的每个主成分都是原来多个指标的线性组合，比如有两个原始变量 x_1 和 x_2，则一共可提取出两个主成分，如下：

$$\begin{cases} C_{PCA1} = a_{11}x_1 + a_{21}x_2 \\ C_{PCA2} = a_{12}x_1 + a_{22}x_2 \end{cases}$$

原则上如果有 n 个变量，则最多可提取出 n 个主成分，但如果将它们全部提取出来就失去了该方法用于简化数据的实际意义，多数情况下只提取出前 2 或 3 个已包含了 90% 以上信息的主成分，其他的则可以忽略不计[37]。

2.3.2　聚类分析

聚类分析又称分类分析、数值分类或集群分析等，它是研究（样品或指标）分类问题的一种多元统计方法。其主要思路是利用同类样本应彼此相似，相类似的样本在多维空间中彼此的距离小，不相似的样本在多维空间中彼此距离大。聚类分析即为如何使相似的样本聚在一起，从而达到分类的目的[34]。聚类分析起源于分类学，随着生产技术和科学的发展，人类的认识不断加深，分类越来越细，要求也越来越高，有时仅凭经验和专业知识还无法进行确切分类，此时就需要将定性和定量分析结合起来进行分类，于是数学工具被逐渐引入分类学中，形成了数值分类学。后来随着多元分析的引进，聚类分析又逐渐从数值分类学中分离出来而形成一个相对独立的分支。

聚类分析是一种探索性的分析，在分类的过程中，人们不必事先给出一个分类的标准，聚类分析能够从样本数据出发，自动进行分类分析，所得到的聚类数未必一致。因此，这里所说的聚类分析是一种探索性的分析方法。对个案的聚类分析类似于判别分析，都是将一些观察个案进行分类。聚类分析时，个案所属的群组特点还未知。即在聚类分析之前，还不知道独立观察组可以分成多少个类，类的特点也无所得知。

根据分类对象的不同，聚类分析可分为变量聚类和样本聚类两种。变量聚类又称为 R 型聚类，是指对变量（variable）的聚类。反映同一事物特点的变量往往有多个，为了更好地了解事物，把握事物的本质特征，就需要找到一些彼此独立而又具有代表性的变量来反映事物，从而整合出有代表性的指标，这就需要对研究变量进行聚类。变量聚类在生物学、医学、工业生产中都有着普遍的应用。变量的聚类分析类似于因素分析，两者都可用于辨别变量的相关组别。不同之处在于：因素分析在合并变量的时候，是同时考虑所有变量之间的关系；而变量的聚类分析，则采用层次式的判别方式，根据个别变量之间的亲疏程度逐次进行聚类。

样本聚类又称 Q 型聚类，是指对观测量或称为个案（cases）的聚类，是根据被观测对象的各种特征进行分类的方法，其目的是找到不同样本之间的共同特征。

变量聚类计算时采用相似系数法。相似系数是描述测量指标之间相关程度的指标，取值范围为 [-1, 1]，相似系数越大，变量之间的相似性就越高。即性质越接近的样品，它们的相似系数的绝对值越接近 1，而彼此无关的样品，它们的相似系数的绝对值越接近零。聚类时，相似的变量归入一类。不相似的变量归到不同的类。常见的相似性系数的计算方法有积差相关系数和夹角余弦等。

样本聚类计算时采用距离法，即将一个样品看做 p 维空间的一个点，并在空间定义距离，距离较近的点归为一类，距离较远的点归为不同的类。在处理实际问题时，分类所采用的指标各不相同：有的是定量的，可以用具体数值进行度量，如长度、质量等；有的则是定性的，如性别、职业等。因此，在聚类分析时，会将采用的变量（指标）的类型归纳为以下三种尺度。

（1）间隔尺度。变量是用连续的量来表示的，如长度、质量、压力、速度等。在间隔尺度中，如果存在绝对零点，又称比例尺度。也是实际问题中使用最多的指标。

（2）有序尺度。变量度量时没有明确的数量表示，而是划分一些等级，等级之间有次序关系，如某产品分上、中、下三等，此三等有次序关系，但没有数量表示。

（3）名义尺度。变量度量时，既没有数量表示也没有次序关系，如某物体有红、黄、白三种颜色，市场供求中的"产"和"销"等[38]。

聚类分析的步骤：

（1）数据预处理。数据预处理包括选择数量、类型和特征的标度，尤其应选择重要的特征。数据预处理还包括异常值的剔除，异常值是不依附于一般数据行为或模型的数据，经常会导致有偏差的聚类结果，因此，为了得到正确的聚类，必须将它们剔除。

（2）相似度计算。根据聚类对象，选择相应的相似度方法和距离定义公式进行计算，计算样品或者变量之间的距离，以及类与类之间的距离。

（3）聚类或分组。选择聚类方法和确定分类数。不同的聚类方法，得到的聚类结果往往是不同的，最常见的聚类方法有系统聚类法、快速聚类法、分层聚类法和两阶段聚类法。确定分类数的多少在聚类分析中也很重要，往往需要考虑实际案例中的分类要求和特点等。将数据对象分到不同的类中是一个很重要的步骤，数据基于不同的方法被分到不同的类中，划分方法和层次方法是聚类分析的两个主要方法，划分方法一般从初始划分和最优化一个聚类标准开始。

（4）结果分析。聚类是一个无管理的程序，也没有客观的标准来评价聚类结果，它是通过一个类有效索引来评价，类有效索引在决定类的数目时经常扮演一个重要角色，类有效索引的最佳值被期望从真实的类数目中获取，一个通常的决定类数目的方法是选择一个特定的类有效索引的最佳值，这个索引能否真实地得出类的数目是判断该索引是否有效的标准，很多已经存在的标准对于相互分离的类数据集合都能得出很好的结果，但是对于复杂的数据集，却通常行不通，例如，对于交选类的集合。

2.3.3 判别分析

判别分析（discriminant analysis）属于有监督的分类方法，即分类的对象要求事先要有明确的类别空间，这一点与聚类分析迥然不同。它是在分类确定的条件下，根据某一研究对象的各种特征值判别其类型归属问题的一种多变量统计分析方法。基本原理是按照一定的判别准则，建立一个或多个判别函数，用研究对象的大量资料确定判别函数中的待定系数，并计算判别指标。据此即可确定某一样本属于何类。

判别分析有多种方法，例如，最大似然法、Fisher 判别分析法、Bayes 判别分析法、逐步判别分析法等，距离判别和典型判别对数据分布无严格要求，而 Bayes 判别分析法则要求数据服从多元正态分布。判别分析在气候分类、农业区划、土地类型划分中有着广泛的应用。不同的判别分析方法有其特定的适应条件，掌握各种方法的适用条件是保证正确分析结果可靠性的重要条件。

判别分析是一种判别个体所隶属的群体的统计分析手段，是根据已知对象的某些观测指标和所属类别来判断未知对象所属类别的一种统计学方法。其作用表现在，当描述研究对象的性质特征不全或不能从直接测量数据确定研究对象所属类别时，可以通过判别分析对其进行归类[38]。

判别分析是在已知研究对象分成若干类型（或组别）并已取得各种类型的一批已知样品的观测数据基础上，根据某些推则建立判别式，然后对未知类型的样品进行判别分类。对于聚类分析来说，一批给定样品要划分的类型事先并不知道，正需要通过聚类分析来确定类型。正因为如此，判别分析和聚类分析往往联合起来使用，例如，判别分析是要求先知道各类总体情况才能判断新样品的归类，当总体分类不清楚时，可先用聚类分析对原来的一批样品进行分类，然后再用判别分析建立判别式以对新样品进行判别。判别分析内容很丰富，方法很多。判别分析按判别的组数来区分，有两组判别分析和多组判别分析；按区分不同总体的所用的数学模型来分，有线性判别和非线性判别；按判别时所处理的变量方法不同，有逐步判别和序贯判别等。判别分析可以从不同角度提出问题，因此有不同的判别准则，如马氏距离最小准则、Fisher 推则、平均损失最小准则、最小平方推则、最大似然准则、最大概率推则等，接判别准则的不同又提出多种判别方法。

2.3.4 随机森林

显而易见，森林是由树组成的，因此在谈到随机森林时，首先应了解组成"森林"的元素—决策树。决策树（decision tree，DT）是一种多功能的机器学习算法，是决策规则的有组织的分层排列，并且没有矛盾，可以实现分类和回归任务，甚至是多输出任务，功能强大，能够拟合复杂的数据集。

中国有句俗语，"三个臭皮匠，顶个诸葛亮"，意思是人多智慧多，哪怕是普通人，只要同心协力集思广益，也能想出一个好的方法，好的结果即被称为群体智慧。同样，如果聚合一组预测器的预测，得到的预测结果一定会比最好的单个预测器还要好。这样的一组预测器就称为集成，这种技术也被称为集成学习，而一个集成学习的算法则被称为集成方法。

在集成学习中，常用的学习方法有三种，Bagging，Boosting 和随机森林。Bagging（Boostrap AGGregatlNG）又称为袋装法，是最为经典的并行集成算法。为了能够生成多个不同的基分类器，并使这些分类器之间尽可能独立，Bagging 通过对原始训练数据集进行重复抽样的方法实现，且在抽样时每次会把样本重新放回，使得样本集中每个样本的权重是一样的。Bagging 是最为经典的并行集成算法，而 Boosing 则为最经典的串行集成算法。在 Boosting 中，分类器采取串行方式生成，下一个分类器将根据上一个分类器的预测结果对样本的权重进行调整。对于错判样本将给予更大的权重，从而使得新的分类器更加关注错误样本的预测。Boosting 在每次抽样后，样本不会再放回样本集中，这也是与 Bagging 方法最大的区别[11]。

在机器学习中，一个决策树可以看作是一个预测器，通过训练一组决策树分类器，每一棵树都基于训练集不同的随机子集进行训练。做出预测时，只需要获得所有树各自的预测，然后给出得票最多的类别作为预测结果。这样一组决策树的集成就被称为随机森林（random forest，RF）。虽然原理很简单，但它是迄今可用的最强大的机器学习算法之一。

随机森林可看作是由若干决策树的集成，通常用 Bagging 方法进行训练，随机森林可以看作是 Bagging 算法的进一步扩展。随机森林在决策树的生长上引入了更多的随机性：分裂节点时不再是搜索最好的特征，而是在一个随机生成的特征子集里搜索最好的特征。这导致决策树具有更大的多样性，用更高的偏差获得更低的方差，从而获得一个整体性能更优的模型。

随机森林还有一个重要功能是获得模型的重要特征。这是因为在单个决策树模型中会发现，重要的特征更有可能出现在靠近树根节点的位置，而不重要的特征通常出现在靠近叶节点的位置或根本不出现。因此，通过计算一个特征在森林中所有树上的平均深度，可以估算出一个特征的重要程度。如果想快速了解什么是真正重要的特征，随机森林是一个非常便利的方法[39]。

2.3.5 人工神经网络

人工神经网络（artificial neural network，ANN）是模拟人类大脑的生物结构，将大量的、简单的处理单元（神经元）进行广泛相互连接，从而形成的复杂网络系统。该系统具有类人脑功能的许多特征。神经网络主要从信息处理角度对人脑神经元网络进行抽象，建立某种简单模型，并按不同的连接方式组成不同的网络。它具有大规模并行、分布式存储和处理、自组织、自适应和自学习能力，特别适合处理需要同时考虑许多因素和条件，模糊的信息。最近十多年来，人工神经网络的研究工作不断深入，已经取得了很大的进展，在模式识别、智能机器人、自动控制、预测估计、生物、医学、经济等领域已成功地解决了许多现代计算机难以解决的实际问题，表现出了良好的智能特性。其优势主要体现在：

第一，神经网络具有自学习功能。能够以任意精度逼近任意复杂的非线性映射，它的适应性也是通过学习功能实现的。自学习功能对于预测功能有特别重要的意义。预期未来的人工神经网络计算机将为人类提供经济预测、市场预测、效益预测，其应用前途是很远大的。

第二，神经网络具有联想存储功能。神经网络具有分布存储信息和并行计算的能力，因此，它具有对外界信息和输入模式进行联想记忆的能力，能从不完整的或模糊的信息联想出存储在记忆中的某个完整清晰的信息。

第三，神经网络具有高速寻找优化解的能力。寻找一个复杂问题的优化解，往往需要很大的计算量，利用一个针对某问题而设计的反馈型人工神经网络，发挥计算机的高速运算能力，可能很快找到优化解。

第四，神经网络具有知识处理能力。人工神经网络与人脑类似，可以从对象的输入输出信息中抽取规律，从而获得关于对象的知识，并将知识分布在网络的连接中进行存储[38]。

在神经网络的结构中，神经元是基本单位，一个神经网络结构由多层神经元组合而成。

神经网络一共由三层神经网络组成，即输入层、隐藏层和输出层，隐藏层可以是零个或多个。典型的神经网络结构如图 1-12 所示，其中左边的是两层神经网络，包括一个输入层和一个输出层，右边的是三层神经网络，除了两端的输入层和输出层，中间还有一个隐藏层。

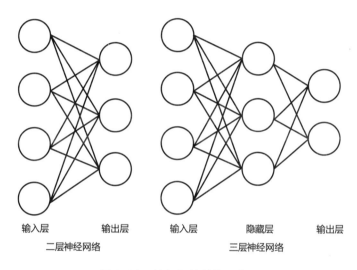

图 1-12　神经网络结构示意图

神经网络各层的结构如下：

输入层。输入层的神经元负责接收输入信息，其中输入层的数量对应多个输入属性特征，即有多少个输入变量则有多少个输入节点，其中最后一个节点是偏置，可以理解为一个常数项输入。

隐藏层。介于输入层或输出层中间，主要对样本进行线性变换。

输出层。输出层负责输出最终预测结果。对于输出变量是连续型或是二分类问题，输出层只需要一个节点即可完成任务。而在多分类任务中，输出变量含有 q 个分类，则需要 q 个输出节点。

图 1-13 为神经元工作原理图，从图 1-13 可以看出，神经元是典型的多输入单输出工作模式[40]。

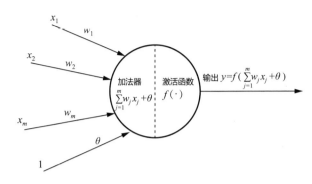

图 1-13　神经元工作原理图

人工神经网络本质上是一种信息运算处理模型，是类似人类认识过程的一种算法，通过不断地给网络相应的输入和输出，培养网络的"认知"能力，网络通过训练和学习，可以通过调节各节点之间的权重来满足输入和输出，从而具备给定任何输入，均会按固定的权重获得输出的能力。网络中的每个节点代表一种特定的输出函数，称为激励函数（activation function）。每两个节点间的连接都代表一个对于通过该连接信号的加权值，称之为权重。网络的输出则依网络的连接方式，权重值和激励函数的不同而不同。而每种网络都被赋予了一种对自然界某种未知领域的认知和学习能力，也或者是对一种逻辑策略的表达。

人工神经网络特有的非线性适应性信息处理能力，克服了传统人工智能方法对于直觉，如模式、语音识别、非结构化信息处理方面的缺陷，使之在神经专家系统、模式识别、智能控制、组合优化、预测等领域得到成功应用。在化学研究领域研究者，也越来越多地应用人工神经网络技术解决复杂的非线性问题[41]。

表 1-3　人工神经网络在分析化学中的应用

目标	网络	领域
参数估计	BP	NIR 定量分析
聚类	BP	IR 光谱分组
分类	Kohonen	MS 结构解释
判别	BP	HPLC 二极管阵列检测

虽然人们已对神经网络在人工智能领域的研究达成了共识，对其巨大潜力也毋庸置疑，但是，人类对自身大脑的研究，尤其是对智能信息处理机制的了解还十分肤浅。由于问题本身的复杂性，不论是神经网络原理自身，还是正在努力进行探索和研究的神经计算机，目前都还处于基础性的起步阶段，它的影响力和最终所能达到的目标，目前还不十分明确，有待于继续深入研究[42]。

卷积神经网络（convolutional neural networks，CNN）起源于人类对大脑的视觉皮层的研究，是一种深度学习模型或类似于人工神经网络的多层感知器，主要功能是进行图像识别。2000 年以后，随着深度学习理论的提出和数值计算设备的改进，卷积神经网络得到了快速发展，并被应用于计算机视觉、语音识别、自然语言处理（NLP）等领域。

卷积神经网络是一类包含卷积计算且具有深度结构的前馈神经网络（feedforward neural networks），是深度学习（deep learning）的代表算法之一。卷积神经网络具有表征学习（representation learning）能力，能够按其阶层结构对输入信息进行平移不变分类（shift-invariant classification），因此也被称为"平移不变人工神经网络（shift-invariant artificial neural networks，SIANN）"。

对卷积神经网络的研究最早可追溯至 1958 年，David H. Hubel 和 Torsten Wiesel 利用一张小猫照片做的一系列视觉试验。1998 年，著名计算机科学 Yann LeCu 和他人共同发表了一篇论文，介绍了广泛用于识别手写支票号码的著名 LeNet-5 架构，成为卷积神经网络发展的里程碑。LeNet-5 也成为最早出现的卷积神经网络，并首次引入两个新的构建块：卷积层（convolutional layers）和池化层（pooling layers）[39]。

卷积神经网络仿造生物的视知觉（visual perception）机制构建，可以进行监督学习和非监督学习，其隐含层内的卷积核参数共享和层间连接的稀疏性使得卷积神经网络能够以较小的计算量对格点化（grid-like topology）特征，例如像素和音频进行学习、有稳定的效果且对数据没有额外的特征工程（feature engineering）要求。

卷积神经网络模型是深度学习模型中最重要的一种经典结构，其性能在近年来深度学习任务上逐步提高。由于可以自动学习样本数据的特征表示，卷积神经网络已经广泛应用于图像分类、目标检测、语义分割以及自然语言处理等领域。目前深度神经网络模型研究仍处于起步阶段，许多问题尚未得到解决，然而这仍然是一个极具研究价值的领域。无论是典型卷积神经网络还是特殊卷积神经网络模型，目前在智能安防、虚拟现实、智能医疗、自动驾驶、可穿戴设备以及移动支付等领域中均有应用。深度神经网络模型发展对引领未来科技发展，人工智能产业的发展具有关键作用。

参考文献：

[1] 赵宏军,叶锦华,陈秀法,等.全球铁矿地质特征与我国钢铁产业对策[M].北京:地质出版社,2019.

[2] 李晨,刘曙,闵红.矿产品有毒有害元素检测[M].上海:东华大学出版社,2015.

[3] 康继韬.铁矿石检验实验室建设及设备[M].北京:冶金工业出版社,2010.

[4] CELIO P, LULIANA C, LUCAS M C S, et al. Laser induced breakdown spectroscopy[J]. Journal of the Brazilian Chemical Society, 2007, 18(3):463-512.

[5] REINHARD NOLL R. Laser induced breakdown spectroscopy[M]. Berlin:springer,2012.

[6] 梅亚光.基于机器视觉与 LIBS 技术的废钢智能分类研究[D].北京:北京科技大学,2021.

[7] HU Y, LI Z H, LU T. Determination of elemental concentration in geological samples using nanosecond laserinduced breakdown spectroscopy[J]. Journal of Analytical Atomic Spectrometry, 2017, 32(11):2263-2270.

[8] VELASQUE-FERRIN A, BABOS D V, MARINA-MOTESC, et al. Rapidly growing trends in laser-induced breakdown spectroscopy for food analysis[J]. Applied Spectroscopy Reviews,2020.

[9] 白金峰,薄玮,张勤,等.高分辨电感耦合等离子体质谱法测定地球化学样品中的 36 种元素[J].岩矿测试,2012,31(5):814-819.

[10] BOLEA-FERNANDEZ E, BALCAEN L, RESANO M, et al. Overcoming spectral overlap via inductively

coupled plasma-tandem mass spectrometry（ICP-MS/MS）：A tutorial review［J］. Journal of Analytical Atomic Spectrometry，2017，32（9）：1660-1679.

［11］SCHUDEL G，LAI V，BORDON K，et al. Truce element charucterization of VSGS reference materials by HR-ICP-MS and Q-ICP-MS：A powerful and universal tool for the interference-free determination of （ultra）trace elements-a tutorial review［J］. Analytica Chimica Acta，2015，894：7-19.

［12］LIU X B，PIAO J H，HUANG Z W，et al. Determination of 16 selected trace elements in children plasma from china economical developed rural areas using high resolution magnetic sector inductively coupled mass spectrometry［J］. Journal of Analytical Methods in Chemistry，2014，2014：1-6.

［13］THOMPSON R L，BANK T，ROTH E，et al. Resolution of rare earth element interferences in fossil energy by-product samples using sector-field ICP-MS［J］. Fuel，2016，185：94-101.

［14］聂玲清，纪红玲，陈英颖，等.基体未分离高分辨电感耦合等离子体质谱法测定钢中痕量元素［J］. 冶金分析，2007，27（2）：18-23.

［15］胡净宇，王海舟.ICP-MS 在冶金分析中的应用进展［J］.冶金分析，2001，21（6）：27-32.

［16］HERWING N，STEPHAN K，PANNE U，et al. Multi-element screening in milk and feed by SF-ICP-MS［J］. Food Chemistry，2011，124（3）：1223-1230.

［17］BU W T，ZHENG J，GUO Q J，et al. Ultra-trace plutonium determination in small volume seawater by sector field inductively coupled plasma mass spectrometry with application to Fukushima seawater samples［J］. Journal of Chromatography A，2014，1337：171-178.

［18］ZHENG J，TAKATA H，TAGAMI K，et al. Rapid determination of total iodine in Japanese coastal seawater using SF-ICP-MS［J］. Microchemical Journal，2012，100：42-47.

［19］张彩聪.ICP-MS 法测定岩矿样品中 20 种痕量元素的方法研究［D］.北京：中国地质大学，2013.

［20］葛丽萍.电感耦合等离子体质谱发展现状［J］.盐科学与化工，2019，48（3）：9-11.

［21］李冰，陆文伟.电感耦合等离子体质谱分析技术［M］.北京：中国质检出版社，2017.

［22］李金英，石磊，鲁盛会，等.电感耦合等离子体质谱（ICP-MS）及其联用技术研究进展［J］.中国无机分析化学，2012，2（3）：1-5.

［23］BALCAEN L，BOLEA FERNANDEZ E，RESANO M，et al. Enductively cacpleel Plaena-Tanden mass spectrometry（ICP-MS/MS）：a powerfid and universal tool for the interference-free determination of（ultra）trace elements-a tutorial review［J］. Anal Chim Acta，2015，894：7-19.

［24］于兆水，陈海杰，张雪梅，等.微波消解-高分辨电感耦合等离子体质谱测定生物样品中 55 种元素［J］.物探化探计算技术，2014，36（6）：757-762.

［25］MOLDOVAN M，KRUPP E M，HOLLIDAY A E，et al. High resolution sector field ICP-MS and multicollector ICP-MS as tools for trace metal speciation in environmental studies：a review［J］. Journal of Analytical Atomic Spectrometry，2004，19（7）：815-822.

［26］王学求.勘查地球化学 80 年来重大事件回顾［J］.中国地质，2013，40（1）：322-330.

［27］周国华.多目标区域地球化学调查：分析测试面临的机遇和挑战［J］.岩矿测试，2010，29（3）：296-300.

［28］王安齐.多目标地球化学调查样品中 41 种元素分析方案设计与应用［D］.吉林：吉林大学，2014.

［29］李冰，杨红霞.电感耦合等离子体质谱（ICP-MS）技术在地学研究中的应用［J］.地学前缘，2003，10（2）：367-378.

［30］李冰，何红蓼，史世云，等.痕量元素分析新方法在地质调查中的应用研究进展［J］.地质通报，2003，22（2）：130-134.

［31］何红蓼，李冰，韩丽荣，等.封闭压力酸溶-ICP-MS 法分析地质样品中 47 个元素的评价［J］.分析试

验室,2002,21(5):8-12.

[32]YANG Y W,LI C,LIU S,et al. Classification and identification of brands of iron ores using laser-induced breakdown spectroscopy combined with principal component analysis and artificial neural networks [J]. Analytical Methods,2020,12(10):1316-23.

[33]刘金辉,郑令娜,汪冰,等. 激光剥蚀电感耦合等离子体质谱在生物样品定量分析中的研究进展[J]. 分析科学学报,2020,36(3):443-448.

[34]梁逸曾 吴海龙 俞汝勤. 分析化学手册. 10. 化学计量学[M]. 北京:化学工业出版社,2016.

[35]朱尔一、杨芃原. 化学计量学技术及应用[M]. 北京:科学出版社,2001.

[36]许禄. 化学计量学:一些重要方法的原理及应用[M]. 北京:科学出版社,2004.

[37]赖国毅,陈超. SPSS 17 中文版统计分析典型实例精粹[M]. 北京:电子工业出版社,2010.

[38]谢龙汉,尚涛. SPSS 统计分析与数据挖掘[M]. 北京:电子工业出版社,2012.

[39]AURELIEN GERON 著. 王静源,贾玮,边蕤,等译. 机器学习实战:基于 ScikitLearn 和 Tensor Flow[M]. 北京:机械工业出版社,2019.

[40]张浩彬,周伟珠. IBM SPSS Modeler 18. 0 数据挖掘权威指南[M]. 北京:人民邮电出版社,2019.

[41]史永刚,粟斌,田高友. 化学计量学方法及 MATLAB 实现[M]. 北京:中国石化出版社,2010.

[42]应海松. 小波神经网络在铁矿石检验中的应用[M]. 北京:冶金工业出版社,2010.

第二章　X射线荧光光谱在进口铁矿石产地溯源中的应用

1　研究现状

　　铁矿石是钢铁工业的重要原材料，我国近90%的铁矿石依赖进口。不同产地来源的铁矿石由于地质成因差异，主次元素含量存在一定区域特征。进口铁矿石中不泛存在掺杂、掺假、以次充好的现象，虽然集中于个案，但对我国国门安全，经济安全的危害不容小觑。澳大利亚、巴西、南非是全球铁矿石最主要的出口国，涉及国际大型矿业集团数十种品牌铁矿石，批次多、数量大、质量相对稳定。品牌铁矿石的识别，可支撑进口铁矿石的风险监管，保障贸易便利性。

　　目前，铁矿石的类别研究主要集中在铁品位鉴别[1-2]、种类分类[3-4]、元素组分测定[5-6]和酸碱度分析[7-9]。然而，关于利用主次元素含量识别铁矿石品牌的研究，国内外鲜有报道。X射线荧光光谱具有制样简单、无损分析、灵敏度高、稳定性好等优点[10]，能实现固体样品中主次元素的测定。判别分析是一种多变量统计分析方法，当变量间相关系数较大时，逐步判别分析能剔除不合适的变量，从而提高判别准确率[11-12]。X射线荧光光谱与判别分析相结合，应用于样品原产地及类别的识别的相关报道越来越普遍，涉及火山岩、烟叶、小麦、孜然等产品。武素茹[13]以67个已知国别铁矿石样本的X射线荧光光谱无标样分析数据为基础，利用非参数判别方法建立生产国家的判别模型，判别准确率为74.6%。目前为止，尚没有参数判别分析方法在不同铁矿石识别中的报道，也没有识别进口铁矿石品牌的报道。

　　因此，本章以中国进口铁矿石为研究对象，涉及3个原产国、16个品牌，测试样品超过2000批，采用X射线荧光光谱半定量、定量分析方法采集元素质量分数，结合Fisher判别分析，实现对进口铁矿石原产国、品牌的识别。

2　X射线荧光光谱对铁矿石主次元素的检测方法

2.1　X射线荧光光谱无标样分析

　　X射线荧光光谱无标样分析技术是九十年代推出的新技术，其目的是不用校准样品也可以分析各种样品。由仪器制造商测量校准样品，储存强度和校准曲线，然后将这些数据转到用户的X射线荧光分析系统中，并用随软件提供的参考样品校正仪器漂移。无标样分析不是不需要标样，而是校线的制造工作由仪器制造商来，将仪器和厂家仪器之间的计数强度差异进行校正。其优点是采用制造商的标样、经验与知识，包括测量条件、自动谱线识辨、背景扣除、谱线重叠校正、基体校正等。目前的软件，可以在标准样品缺少的情况下分析各种样品中的从B到U的七十几个元素，质量分数范围从痕量到100%，应用范围较广，但其适用性也带来了分析准确度的局限性，因此，无标样分析也称半定量分析。

2.1.1　试验原理

无标样分析其实也是依据定量分析的校准曲线。仪器公司的应用实验室中采用的通用测量条件测量多个不同类型的标准样片（如金属、玻璃、陶瓷、岩石、矿物、油品和聚合物等），建立的校准曲线保存在谱线库中。这些校准曲线传到用户仪器中，通过3个随机的玻璃校正样校正公司和用户仪器的灵敏度差异。

2.1.2　仪器与设备

波长色散X射线荧光光谱仪（德国布鲁克公司S4 Pioneer型）。半自动压样机（北京众合创业科技发展有限责任公司）。

2.1.3　样片检测

采用粉末压片方法制备铁矿石样片，操作简便，无需化学分析试剂，是一种绿色分析方法[14]。将收集到的铁矿石分析样于105 ℃下烘干4 h，取出冷却后用于后续试验。采用压片机对样品进行压片，压片前用乙醇清洗模具，使用聚乙烯环使粉末样品聚拢，压制样品在2.94×10^5 N下维持30 s。检查压制样品表面均匀且无裂纹、脱落现象，用洗耳球吹净样品表面后，于X射线荧光仪上测定光强度值。

2.2　X射线荧光光谱定量分析

X射线荧光光谱定量分析是一种相对分析技术，要有一套已知含量的标准试料系列（经化学分析过的或人工合成的），通过测量标准试料系列和未知试料的X射线强度并加以比较进行定量分析。

2.2.1　试验原理

参考及采用GB/T 6730.62—2005《铁矿石 钙、硅、镁、钛、磷、锰、铝和钡含量的测定 波长色散X射线荧光光谱法》。利用铁矿标准样品合成校正熔融样片，绘制各元素标准工作曲线。将样品制备成硼酸盐玻璃状熔融样片，测量待测元素的X射线荧光强度。

2.2.2　试剂与材料

干燥剂，应是新近再生的，自身指示的硅胶。熔剂，采用优级纯无水四硼酸锂（$Li_2B_4O_7$），在500 ℃下灼烧4 h后，在干燥器中冷却，贮存。脱模剂，667 mg/mL的溴化锂（LiBr）溶液。如表2-1所示，选择12个元素质量分数具有一定梯度的铁矿石标准样品建立标准曲线，具体的铁矿石标样编号为：GBW（E）010208、GSB 03-2023-2006、GSBH30004-97、GBW 07221、GBW 07218A、W88307A、JSS805-1、BB8801-

01、GBW 07222、GSB 03-2037-2006、GBW 07222A、YSBC 13708-95。

表 2-1 铁矿石标样质量分数

元素或化合物	SiO₂	CaO	Al₂O₃	Mn	TiO₂	MgO	Cu	P
最小值/%	0.490 0	0.080 0	0.200 0	0.056 0	0.011 0	0.030 0	0.001 5	0.006 4
最大值/%	38.320 0	10.500 0	4.110 0	0.542 0	0.240 0	4.200 0	0.088 0	0.278 0

2.2.3 仪器与设备

波长色散 X 射线荧光光谱仪（德国布鲁克公司 S8 Tiger 型）。熔样机（瑞绅葆分析技术（上海）有限公司），至少能维持 1100 ℃。坩埚和模子（或坩埚兼作模子），由不浸润的铂-金或铂-金-铑制造，加热熔融操作不易变形。坩埚应具有足够装下熔融所需熔剂与试样的容量。模子应是平底，其厚度应足以防止变形（底部厚度小于 1 mm 不宜使用）。由于熔融样片底面是分析面，因此模子底部的内表面应该平坦，用粒度约为 12 μm 的金钢砂研磨剂定期抛光。

2.2.4 样品检测

采用熔融制样法制备铁矿样片，消除矿物效应、降低基体效应、使样品熔融均匀，从而提高了分析准确度[15]。首先，在铂-金坩埚中加入 8 g 四硼酸锂熔剂与 0.8 g 铁矿石样品，然后滴加 2 滴溴化锂脱模剂。熔样炉设定温度为 1080 ℃，坩埚放入熔样机熔融 5 min，摇晃 12 min 混匀赶走气泡，倒入铂金模具中待冷却，得到干净透明的铁矿石样片熔片，在 X 射线荧光仪上测定光强度值。

2.2.5 工作曲线的绘制

将 2.2.2 节中的 12 个铁矿石标准样品制备成熔片，制备方法同 2.2.4 节。于仪器上测定其光强值，绘制各元素标准工作曲线。

2.3 试验方法

2.3.1 样品收集

根据 GB/T 10322.1—2014《铁矿石取样和制样方法》，从我国主要的铁矿石进口口岸采集并制备来自澳大利亚、南非、巴西 3 个国家的进口铁矿石化学分析样品，包含 14 个品牌共计 236 批次样品。样品容量大、种类丰富，有一定的独立性、代表性，包含了我国进口铁矿石主要来源国及主流品牌矿种。样品信息如表 2-2 所示。

表 2-2 铁矿石样品信息

中文名称	英文名称	简称	国别	矿床	建模样品数量	测试样品数量	样品总数
皮尔巴拉混合粉	Pilbara Blend Fines	PB 粉	澳大利亚	Pilbara	32	5	37
皮尔巴拉混合块	Pilbara Blend Lump	PB 块	澳大利亚	Pilbara	28	5	33
杨迪粉铁矿	Yandi Fine Ore	杨迪粉	澳大利亚	Yandi	30	8	38

中文名称	英文名称	简称	国别	矿床	建模样品数量	测试样品数量	样品总数
纽曼混合块铁矿	Newman Blend Lump Ore	纽块	澳大利亚	Newman	21	5	26
纽曼混合粉铁矿	Newman Blend Fine Ore	纽粉	澳大利亚	Newman	5	2	7
津布巴混合粉铁矿	Jimblebar Blend Fine Ore	津布巴粉	澳大利亚	Pilbara	5	1	6
国王粉铁矿	Kings Fines	国王粉	澳大利亚	Pilbara	5	1	6
弗特斯克混合粉	Fortescue Blend Fines	混合粉	澳大利亚	Pilbara	16	4	20
澳大利亚铁矿石精粉	Australian Iron Ore Concentrate	澳精粉	澳大利亚	Pilbara	10	2	12
昆巴标准粉	Kumba StandardFines	南非粉	南非	Kumba	8	2	10
昆巴标准块	Kumba Standard Lump	南非块	南非	Kumba	7	2	9
南非铁矿石精粉	South Africa Iron Ore Concentrate	南非精粉	南非	Kumba	12	4	16
巴西混合粉铁矿	Brazilian Blend Fine Ore	巴粉	巴西	Minas Gerais	6	2	8
卡拉加斯铁矿石	Carajas Iron Ore	卡拉粉	巴西	Para	6	2	8

2.3.2　样品处理及数据测量

将收集到的铁矿石样品分装到干燥瓶中于105 ℃下烘干4 h，取出冷却后用于后续试验。采用压片机对样品进行压片，压片前用乙醇清洗模具，使用聚乙烯环使粉末样品聚拢，压制样品在2.94×10^5 N压力下维持30 s。检查压制样品表面均匀且无裂纹、脱落现象，测量前用洗耳球吹净样品表面。

使用德国布鲁克公司S4 Pioneer型波长色散-X射线荧光光谱仪中的半定量分析方法检测样品中元素的含量。检测中使用铑靶光管（最大功率和电流分别为4 kW和100 mA）、4个分析仪晶体（LiF200、XS-55、PET和Ge）、流气计数器（FC）、闪烁计数器（SC）等元件，使用MultiRes-Vac28模式对样品进行测量。表2-3列出了仪器的部分测量条件。

表2-3　仪器测量条件

元素	分析线	晶体	峰位角/ (°)	管电压/kV	管电流/mA	狭缝/ (°)	探测器	检测限/10^{-6}
Fe	Fe Kα	LiF200	57.486	60	50	0.23	SC	108
O	O Kα	XS-55	49.509	27	111	0.46	FC	2520
Si	Si Kα	PET	108.987	27	111	0.23	FC	117
Ca	Ca Kα	LiF200	113.023	50	60	0.23	FC	34
Al	Al Kα	PET	144.662	27	111	0.23	FC	170
Mn	Mn Kα	LiF200	62.939	60	50	0.23	SC	40

（续表 2-3）

元素	分析线	晶体	峰位角/ (°)	管电压/kV	管电流/mA	狭缝/ (°)	探测器	检测限/10⁻⁶
Ti	Ti Kα	LiF200	86.097	50	60	0.23	FC	40
Tb	Tb Lα	LiF200	58.806	60	50	0.23	SC	269
Mg	Mg Kα	XS-55	20.286	27	111	0.23	FC	110
P	P Kα	Ge	140.963	27	111	0.23	FC	15
Cr	Cr Kα	LiF200	69.322	60	50	0.23	FC	30
S	S Kα	Ge	110.680	27	111	0.23	FC	19

为研究仪器对判别模型准确率影响，样品的处理保持一致，另外选取 7 个品牌共 42 个铁矿石样品，包括 4 个皮尔巴拉混合块、6 个皮尔巴拉混合粉、12 个纽曼混合块铁矿、9 个杨迪粉铁矿、7 个哈杨粉铁矿、2 个昆巴标准粉、2 个昆巴标准块，使用布鲁克 S8 Tiger 型波长色散-X 射线荧光光谱仪粉末压片法进行测量，获得无标样分析数据。

2.4　元素选择

针对采集的 236 个铁矿石样品，采用波长色散-X 射线荧光光谱半定量分析共计检出 Fe、O、Si、Ca、Al、Mn、Tb、Ti、Mg、P、K、S、Cr、Na、Sr、Zr、Zn、V、Cu、Gd、Ba、Cl、Ni、Co 24 种元素，其中 K、Cu、Zr、Zn、Na、Cl、V、Sr、Gd、Ni、Ba、Co 12 个元素质量分数存在未检出的情况，未检出比例分别为 18.20%、50.00%、51.00%、69.90%、70.30%、73.30%、78.00%、83.90%、84.30%、91.50%、92.80%、97.00%。建立铁矿产地及品牌的判别模型时，在满足实际应用的前提下，应尽量选择铁矿石样品检出比例高的元素，试验选取 236 个样品全部检出的 Fe、O、Si、Ca、Al、Mn、Tb、Ti、Mg、P、Cr、S 12 种元素质量分数用于后续分析。

针对不同进口国家、品牌铁矿石的模式识别，采用逐步判别分析对 Fe、O、Si、Ca、Al、Mn、Tb、Ti、Mg、P、Cr、S 12 个元素质量分数进行变量筛选，变量能否进入模型主要取决于协方差分析的 F 检验的显著性水平，当 F 值大于指定值时保留该变量，而 F 值小于指定值时，该变量从模型中剔除。选取合适的 F 值可以用最少的变量达到最佳的判别效果[16]。本文选取的 F 值为 3.84，经过逐步判别分析，Fe、O、Si、Ca、Al、Mn、Ti、Mg、P、S 10 个元素保留在了模型中，Tb 与 Cr 因未通过 F 检验（F 值<3.84）而从模型中剔除[17]，最终 10 个元素用于建立判别模型。

对 14 种品牌铁矿石 12 个元素（Fe、O、Si、Ca、Al、Mn、Tb、Ti、Mg、P、Cr、S）质量分数做平均值条形图（如图 2-1 所示），从图 2-1 中可以看出澳大利亚铁矿石精粉 Fe、Si、O 质量分数与其他类别有显著差异，巴西混合粉铁矿和弗特斯克混合粉的 Si、Mn 质量分数与其他类别有显著差异，南非铁矿石精粉 Ca、Ti、Mg、P、S 的质量分数明显高于其他类别，不同类别铁矿石之间的 Al、Mn、Mg、P、S 的质量分数也存在明显的差异。因此可以利用不同元素的质量分数组合建立线性判别模型，对铁矿石进口国别、品牌进行识别。从不同品牌铁矿石元素质量分数平均值在条形图上可以看出，Tb、Cr 差异较小，这也解释了逐级判别分析将这两个元素剔除的原因。

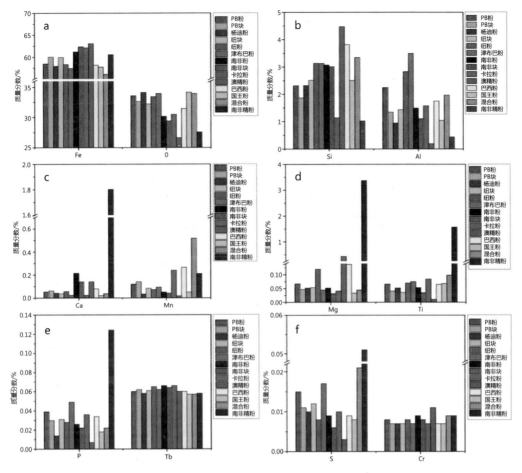

图 2-1　品牌铁矿石元素平均质量分数条形图

2.5　建立铁矿石国家判别模型

使用 Fe、O、Si、Ca、Al、Mn、Ti、Mg、P、S 10 个元素质量分数建立 Fisher 判别模型，得到 2 组判别函数和与国家相应的组质心处的坐标。对于测试样品的预测，可以将该样品 10 个元素质量分数分别代入 2 个判别函数，分别计算 2 维坐标与 3 个国家组质心坐标的距离，最近距离对应的国家，即为该样品生产国家的预测结果[18]。判别函数与各变量之间的相关性如图 2-2 所示，横坐标为函数 1(F_1) 与各变量的相关系数，纵坐标为函数 2(F_2) 与各变量的相关系数，系数为正表示正相关，系数为负表示负相关，绝对值越大相关性越高。Ca、O、Ti、Mg、P 元素质量分数与函数 1(F_1) 的相关系数分别为 0.277、-0.236、0.234、0.230、0.193，Mn、O、Fe、S 元素含量与函数 2(F_2) 的相关系数分别为 -0.279、0.268、-0.181、0.160，以上元素为相关性相对较大的元素。

判别函数：

$$F_1 = 0.525X_1 - 0.598X_2 + 1.4X_3 + 32.627X_4 + 0.654X_5 - 3.936X_6 + 37.01X_7 - 29.4X_8 - 58.953X_9 - 24.002X_{10} - 16.337$$

$$F_2 = 0.569X_1 + 0.855X_2 + 0.122X_3 + 7.559X_4 + 1.23X_5 - 4.789X_6 - 9.846X_7 + 4.281X_8 - 128.56X_9 + 147.622X_{10} - 61.555$$

式中：$X_1 \sim X_{10}$ 分别代表 Fe、O、Si、Ca、Al、Mn、Ti、Mg、P、S 的含量

所述的二维 Fisher 判别模型中的各国家组质心的坐标为澳大利亚（-1.373，-0.179）、南非（8.003，-0.089）、巴西（-0.611，2.473）。

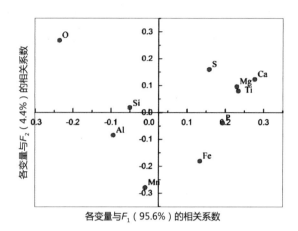

图 2-2　变量与判别函数间的相关性

用函数 1 和函数 2 的判别得分作散点图（如图 2-3 所示），横坐标为函数 1 得分，纵坐标为函数 2 得分，从图 2-3 中可以看出模型对南非铁矿石与其他两个国家的铁矿石区分明显，而澳大利亚与巴西存在重叠交叉的现象。

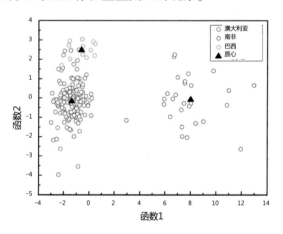

图 2-3　判别函数得分散点图

建模样品为构建模型所用的样品，可以回代到模型中验证识别的准确性。交叉验证是一种重要的判别效果验证方法，该法可以非常有效地避免强影响点的干扰[19-20]。本文采用留一交叉验证法对建模所用的样品进行验证，每次留出一个作为验证，其余用来建模，最后计算平均准确率作为对模型的评价。测试样品为建模过程中预留的用于测试模型识别准确率的样品。该模型对建模样品分类准确率为 97.40%，对南非的铁矿石样品识别准确率为 100%，对澳大利亚、巴西铁矿石样品存在识别错误的情况，准

确率分别为 97.40%、91.70%。模型交叉验证准确率为 95.30%，交叉验证的准确率高于 80%，说明该模型有很好的分类准确率[21]。为了确定模型是否可以对未包含在模型中的样品进行识别，分析了建模时选择的 45 个作为测试样品的铁矿石样品，模型对测试样品识别准确率达到 95.50%，其中对南非和巴西样品识别准确率都达到 100%，说明此模型可以对铁矿石的国别进行很好地识别[22]。

2.6　建立铁矿石品牌判别模型

与进口铁矿石国别的识别相比，进口铁矿石品牌的识别更加具有难度，因为不同品牌的铁矿石可能会来自相同国家相同的矿区，它们物相结构一致，元素质量分数的差异性也有可能不大。在对铁矿石国别已能进行很好识别的基础上，尝试对铁矿石品牌做进一步识别。采用 Fe、O、Si、Ca、Al、Mn、Ti、Mg、P、S 10 个元素质量分数建立 Fisher 判别模型，得到 10 个判别函数和与品牌相应的组质心处的坐标。对于测试样品的预测，可以将该样品 10 个元素质量分数分别代入 10 个判别函数，分别计算 10 维坐标与 14 个品牌组质心坐标的距离，最近距离对应的品牌，即为该样品品牌的预测结果。

判别函数：

$F_1 = 0.286X_1 - 0.372X_2 + 0.404X_3 - 9.8X_4 - 0.575X_5 - 2.551X_6 + 54.081X_7 + 18.203X_8 - 95.378X_9 - 17.295X_{10} - 12.937$

$F_2 = 0.726X_1 - 1.244X_2 + 2.718X_3 - 2.715X_4 - 0.808X_5 - 5.169X_6 - 23.321X_7 + 15.246X_8 - 160.116X_9 - 18.187X_{10} - 2.608$

$F_3 = 0.587X_1 - 1.372X_2 + 1.45X_3 + 8.922X_4 + 3.122X_5 + 3.139X_6 + 9.551X_7 - 15.179X_8 + 180.272X_9 + 21.586X_{10} - 4.251$

$F_4 = 0.257X_1 - 0.263X_2 0.896X_3 33.291X_4 - 1.573X_5 1.075 + X_6 + 37.848X_7 - 34.022X_8 - 62.815X_9 + 25.649X_{10} - 6.865$

$F_5 = -0.4X_1 - 0.453X_2 + 1.121X_3 - 13.49X_4 - 1.417X_5 + 11.016X_6 + 9.278X_7 + 0.466X_8 + 19.539X_9 + 87.158X_{10} + 35.004$

$F_6 = -0.012X_1 + 0.213X_2 + 1.171X_3 + 6.748X_4 + 2.843X_5 - 6.586X_6 + 12.703X_7 - 2.634X_8 - 138.53X_9 - 59.512X_{10} - 9.303$

$F_7 = -0.189X_1 + 0.221X_2 + 2.048X_3 - 4.649X_4 - 3.679X_5 - 0.974X_6 + 10.841X_7 - 7.985X_8 + 221.911X_9 - 69.058X_{10} - 0.463$

$F_8 = 0.337X_1 + 0.494X_2 + 0.457X_3 + 7.023X_4 - 0.625X_5 - 1.537X_6 - 17.619X_7 + 2.087X_8 + 6.88X_9 + 229.064X_{10} - 38.458$

$F_9 = 0.518X_1 - 0.035X_2 + 0.885X_3 - 14.995X_4 - 0.257X_5 - 5.636X_6 + 26.099X_7 - 4.9X_8 - 30.377X_9 + 159.188X_{10} - 31.76$

$F_{10} = 1.526X_1 + 1.558X_2 + 1.681X_3 - 1.042X_4 - 0.188X_5 + 4.851X_6 + 6.292X_7 + 0.682X_8 + 7.995X_9 - 75.431X_{10} - 145.479$

式中：$X_1 \sim X_{10}$ 分别代表 Fe、O、Si、Ca、Al、Mn、Ti、Mg、P、S 的质量分数。

所述的十维 Fisher 判别模型中的各品牌组质心的坐标为皮尔巴拉混合粉（-9.129，

−5.309，2.278，−2.045，−0.884，0.199，−0.111，0.337，−0.084，−0.183）、皮尔巴拉混合块（−8.865，−1.735，−0.529，0.196，−0.914，−1.943，−0.232，0.23，−0.533，0.188）、杨迪粉铁矿（−6.897，−0.581，−7.854，0.633，−1.068，0.877，−0.103，−0.226，0.014，−0.119）、纽曼混合块铁矿（−8.441，0.822，0.838，−0.645，−0.322，−1.095，0.902，0.533，0.658，0.14）、纽曼混合粉铁矿（−7.648，−2.205，4.196，−3.965，−1.744，3.552，−0.685，−1.19，−0.52，0.917）、津布巴混合粉铁矿（−10.504，−7.276，8.091，−4.139，−0.909，3.428，−0.268，−0.029，0.747，−0.249）、昆巴标准粉（−7.329，5.853，6.054，7.442，−2.288，1.773，−0.352，0.422，−0.481，−0.287）、昆巴标准块（−6.676，8.807，5.167，6.15，−1.532，0.518，0.25，−0.301，0.646，0.334）、卡拉加斯铁矿石（−6.188，−2.231，4.843，0.443，0.096，−3.793，−1.303，−2.079，0.65，−0.329）、澳大利亚铁矿石精粉（3.146，26.733，−0.494，−4.019，1.429，0.067，−0.61，0.172，−0.033，−0.09）、巴西混合粉铁矿（−6.304，2.881，4.157，−0.639，3.26，0.204，2.768，−1.133，−1.082，−0.266）、国王粉铁矿（−6.642，−1.598，−6.442，0.817，−0.226，0.812，1.245，−0.737，0.657，0.168）、弗特斯克混合粉（−7.292，−4.834，−0.377，1.758，6.498，0.57，−0.581，0.249，0.076，0.085）、南非铁矿石精粉（109.502，−2.359，0.254，0.132，−0.191，−0.026，0.037，0.035，−0.001，0.008）。

前3个判别函数（F_1、F_2、F_3）分别解释了总信息的90.6%、5.7%、2.0%，累计解释98.4%，用前3个函数建立判别模型，并用判别得分来绘制三维散点图（如图2-4所示），F_1、F_2、F_3分别为判别函数F_1、F_2、F_3的得分[23]。

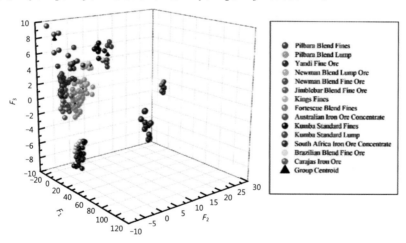

图2-4　判别函数得分三维散点图

从三维散点图中可以看出，14个品牌的铁矿石可明显地被划分为4个区域，澳大利亚铁矿石精粉和南非铁矿石精粉与其他品牌区分最为明显。从图中还可以看出皮尔巴拉混合块与纽曼混合块铁矿分类略有重叠，杨迪粉铁矿与国王粉铁矿的集群非常接近。所建立判别模型的分类准确率如表2-4所示。结果表明：模型对澳大利亚铁矿石精粉与南非铁矿石精粉识别完全正确，因为与其他品牌铁矿石相比，这两类的Ti与Mg的质量分数与其他品牌有明显不同。模型对于皮尔巴拉混合块、杨迪粉铁矿、纽曼混合块铁矿会存在识别错误的情况。这三个品牌的铁矿石都产于澳大利亚皮尔巴拉地区的哈默斯利铁矿带，矿石成因类似、元素质量分数比较接近，因此相对于其他品牌更难以区分。

　　为追求更高的识别准确率，选择使用全部10个函数来建立判别模型。所建立判别模型的分类准确率如表2-4所示。结果表明：当使用全部10个函数建模时，模型对测试样品识别的准确率有明显提高，准确率达到了100%，所建立识别模型具有很好的识别效果。

表2-4　判别模型的准确率　　　　　　　　　　　　%

样品名称	建模样品验证		交叉验证		测试样品验证	
	$F_1 \sim F_3$ 建模	$F_1 \sim F_{10}$ 建模	$F_1 \sim F_3$ 建模	$F_1 \sim F_{10}$ 建模	$F_1 \sim F_3$ 建模	$F_1 \sim F_{10}$ 建模
皮尔巴拉混合粉	93.80	100.00	93.80	100.00	100.00	100.00
皮尔巴拉混合块	92.90	100.00	92.90	100.00	60.00	100.00
杨迪粉铁矿	93.30	100.00	93.30	96.70	87.50	100.00
纽曼混合块铁矿	90.50	100.00	90.50	95.20	80.00	100.00
纽曼混合粉铁矿	80.00	100.00	60.00	100.00	100.00	100.00
津布巴混合粉铁矿	100.00	100.00	100.00	100.00	100.00	100.00
国王粉铁矿	87.50	100.00	87.50	75.00	100.00	100.00
弗特斯克混合粉	100.00	100.00	100.00	100.00	100.00	100.00
澳大利亚铁矿石精粉	83.30	100.00	66.70	100.00	100.00	100.00
昆巴标准粉	100.00	100.00	100.00	100.00	100.00	100.00
昆巴标准块	83.30	100.00	83.30	100.00	100.00	100.00
南非铁矿石精粉	100.00	100.00	100.00	100.00	100.00	100.00
巴西混合粉	81.30	100.00	81.30	100.00	100.00	100.00
卡拉加斯铁矿石	100.00	100.00	100.00	100.00	100.00	100.00
总计	92.10	100.00	91.10	97.90	93.30	100.00

2.7　判别模型准确率影响因素研究

2.7.1　输入变量数量对模型的影响

　　采集品牌铁矿石样品的X射线荧光光谱半定量分析数据，分别使用全部检出元素的质量分数（26个）和与部分元素的质量分数（10个）作为输入变量，建立判别分析模型。研究发现，使用10个输入变量建立的判别分析模型在建模样品验证与交叉验证中的准确率均低于26个输入变量建立的判别分析模型。尽管两个模型均有5个未知样品判别错误，但判别错误的情况主要因为这些品牌样品之间差异较小。从试验结果中可以看出增加输入变量数量能增加判别准确率。

2.7.2　测量仪器对模型的影响

　　选择3个铁矿石样品（皮尔巴拉混合块、皮尔巴拉混合粉、纽曼混合块铁矿），分别采用布鲁克S4 Pioneer型波长色散-X射线荧光光谱仪与布鲁克S8 Tiger型波长色散-X射线荧光光谱仪两台仪器进行半定量测量，结果如表2-5所示。从测量结果可以看出，两台仪器测量结果的差异明显。半定量分析的基本思路是由仪器和软件制造商测定校准样品，储存元素谱线强度和校准曲线到用户的仪器中。采用仪器商的标样、经验与知识（包括测量条件的选择、自动谱线辨识、背景扣除、谱线重叠校正等）进行测量时，不同仪器的测量结果会存在较大的误差[24]。

表2-5 不同仪器半定量测量结果对比

元素		Fe	Si	Ca	Al	Mn	Ti	Mg	P	K	S
皮尔巴拉混合块	S4	60.170	1.680	0.061	1.330	0.136	0.046	0.053	0.034	0.007	0.015
元素质量分数/%	S8	58.900	2.010	0.058	1.370	0.132	0.049	0.079	0.100	0.009	0.023
皮尔巴拉混合粉	S4	59.610	1.910	0.035	2.030	0.094	0.057	0.056	0.040	0.015	0.018
元素质量分数/%	S8	58.020	2.220	0.034	1.980	0.098	0.060	0.074	0.122	0.013	0.031
纽曼混合块铁矿	S4	60.290	2.360	0.030	1.360	0.223	0.030	0.031	0.030	0.016	0.011
元素质量分数/%	S8	58.920	2.710	0.032	1.340	0.222	0.034	0.045	0.096	0.015	0.017

为了比较不同测量仪器的半定量分析结果对判别模型的影响，将布鲁克S4 Pioneer型波长色散-X射线荧光光谱仪测量的359组试验数据和布鲁克S8 Tiger型波长色散-X射线荧光光谱仪测量的42组试验数据合并进行2种判别分析建模：（1）使用359组半定量分析数据建立判别分析模型，将42组半定量分析数据进行未知样品验证，结果显示判别模型对42组品牌铁矿石全部判别错误；（2）选择42组半定量分析数据中25组加入359组半定量分析数据建立判别分析模型，模型中25组半定量分析数据涵盖剩余17组中品牌铁矿石的种类，将42组半定量分析数据中剩余17组进行未知样品验证，结果显示17个样品中只有1个样品判别错误。结果表明：用1台X射线荧光光谱仪采集的半定量数据建立品牌铁矿石判别分析模型，对其他仪器采集的数据进行判别时，由于两台仪器检测结果存在差异，会导致大规模的误判；当训练集同时包含不同仪器采集的半定量数据时，即使两台仪器检测结果存在差异，判别分析模型也能给出相当准确的判别结论。实际应用过程中，不同检测实验室所用的测量仪器不同，X射线荧光光谱半定量分析建立的判别模型如需推广应用，则依赖于不同实验室建模样品的数据采集。

2.8 小结

利用波长色散-X射线荧光光谱半定量分析法测定澳大利亚、南非、巴西3个国家14个品牌236份铁矿石样品的元素质量分数，选择191个样品作为训练样本，45个样品作为测试样本，采用逐步判别分析筛选出Fe、O、Si、Ca、Al、Mn、Ti、Mg、P、S 10个元素质量分数作为特征变量，建立了对铁矿石国家、品牌识别的Fisher判别模型。该模型为铁矿石品牌与元素之间的关系提供了基础数据与理论依据，仅通过X射线荧光光谱半定量分析法测量铁矿石样品10种元素质量分数建立判别模型，就可以快速进行国家、品牌的识别。当然，模型样品产地和品牌的确证和样本数量是限制模型正确率的关键要素，然而，当样本数量达到一定数量级之后，所建立的识别模型的准确率和普适性将得到进一步的提升。

3　X射线荧光光谱定量分析结合判别分析识别进口铁矿石品牌

3.1　试验方法

3.1.1　样品收集

根据前文中样品采集的标准，从我国主要铁矿石进口口岸采集并制备来自澳大利亚、南非、巴西3个国家的16个品牌1469批次进口铁矿石化学分析样品，样品容量大、种类丰富，具有一定的独立性、代表性，基本包含了海关口岸日常检测中的主要铁矿石类别。16个铁矿石品牌为：津布巴混合粉铁矿、皮尔巴拉混合块、皮尔巴拉混合粉、纽曼混合块铁矿、纽曼混合粉铁矿、杨迪粉铁矿、哈杨粉铁矿、澳大利亚铁矿石精粉、国王粉铁矿、弗特斯克混合粉、麦克粉铁矿、超特粉铁矿、昆巴标准粉、昆巴标准块、南非铁矿石精粉、卡拉加斯铁矿石。样品信息如表2-6所示。

表2-6　铁矿石样品信息

中文名称	英文名称	国别	定量分析样品	
			建模样品数量	测试样品数量
津布巴混合粉铁矿	Jimblebar Blend Fine Ore	澳大利亚	25	8
皮尔巴拉混合块	Pilbara Blend Lump	澳大利亚	194	64
皮尔巴拉混合粉	Pilbara Blend Fines	澳大利亚	231	77
纽曼混合块铁矿	Newman Blend Lump Ore	澳大利亚	124	41
纽曼混合粉铁矿	Newman Fines Iron Ore	澳大利亚	60	19
杨迪粉铁矿	Yandi Fine Iron Ore	澳大利亚	75	24
哈杨粉铁矿	HIY Fines	澳大利亚	101	33
澳大利亚铁矿石精粉	Australian Iron Ore Concentrate	澳大利亚	36	12
国王粉铁矿	Kings Fines	澳大利亚	27	9
弗特斯克混合粉	Fortescue Blend Fines	澳大利亚	52	17
麦克粉铁矿	MAC Fine Ore	澳大利亚	30	9
超特粉铁矿	Super Special Fine	澳大利亚	10	3
昆巴标准粉	Kumba Standard Fines	南非	43	14
昆巴标准块	Kumba Standard Lump	南非	51	17
南非铁矿石精粉	South Africa Iron Ore Concentrate	南非	18	5
卡拉加斯铁矿石	Carajas Iron Ore	巴西	30	10
总计			1107	362

3.1.2　数据测量与处理

本文针对进口铁矿石化学分析样品，参考及采用GB/T 6730.62—2005《铁矿石钙、硅、镁、钛、磷、锰、铝和钡质量分数的测定　波长色散X射线荧光光谱法》测定铁矿石中钙（以CaO计）、镁（以MgO计）、硅（以SiO_2计）、铝（以Al_2O_3计）、钛（以TiO_2计）、磷、锰、铜的质量分数[14]（方法同2.2）；采用GB/T 6730.5—2007《铁

矿石 全铁含量的测定 三氯化钛还原法》测定铁矿石中全铁的含量[15]；采用 GB/T 6730.61—2005《铁矿石 碳和硫含量的测定 高频燃烧红外吸收法》测定铁矿石中硫的含量[16]。

随后对收集样品的检测数据，依次进行缺失值处理、异常数据剔除，对剩余数据划分训练集与测试集。定量分析中部分样品 Cu 质量分数未检出，使用 0 代替缺失值。采用逐步判别法提取特征变量，建立 Fisher 判别分析模型，通过建模样品验证、交叉验证、测试样品验证评价模型的准确度。

3.2 品牌铁矿石元素特征定量分析

收集的进口铁矿石样品涵盖澳大利亚、南非、巴西 3 个国家的 16 个主流品牌如图 2-5 所示。其中，12 个铁矿品牌来自西澳大利亚皮尔巴拉地区、2 个来自南非北开普省、1 个来自南非林波波省、1 个来自巴西帕拉州。西澳大利亚作为世界上最大的铁矿石产区，拥有大量的铁矿，其皮尔巴拉地区占澳大利亚铁矿石出口总量的 95% 以上，因此本章研究的铁矿石品牌大部分都源自这一地区。铁矿石经过铁矿开采、选矿、选矿、配矿等各种过程的影响，最终形成品牌铁矿石，即具有特定的化学成分。因此，利用定量分析技术对铁矿石进行多元素分析可以作为铁矿石品牌识别的研究基础。

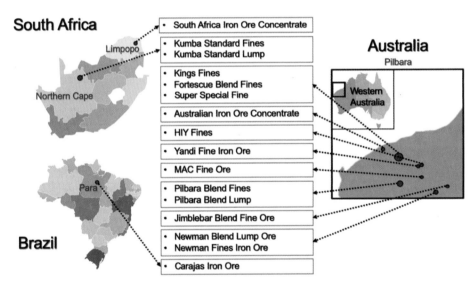

图 2-5 16 个铁矿品牌地理位置分布图

16 类品牌铁矿石中 10 种化学组分（Fe、Al_2O_3、SiO_2、CaO、MgO、Mn、TiO_2、P、Cu、S）质量分数分布如图 2-6 所示，可以看出不同的铁矿石品牌，其化学成分质量分数存在显著差异。为了更直观地解释各组分与铁矿石品牌之间的关系，利用不同品牌化学组分质量分数的中位数和四分位数的差异，建立铁矿石品牌识别流程图（如图 2-7 所示）。该流程图清晰易读，并且可以有效地对 16 类铁矿石品牌中的大部分品牌进行预测。

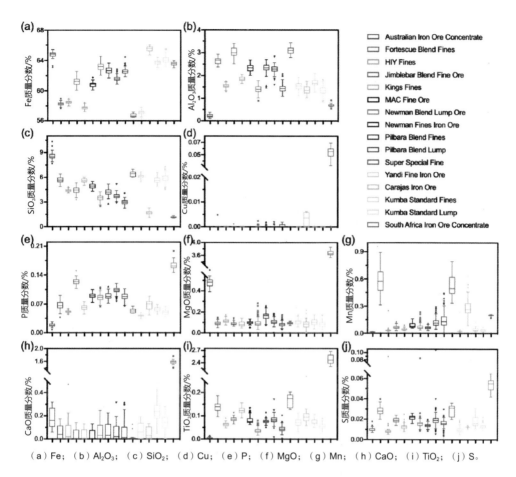

（a）Fe；（b）Al₂O₃；（c）SiO₂；（d）Cu；（e）P；（f）MgO；（g）Mn；（h）CaO；（i）TiO₂；（j）S。

图 2-6　品牌铁矿石元素含量分布箱线图

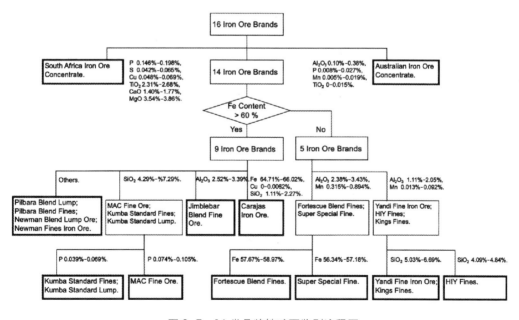

图 2-7　16 类品牌铁矿石鉴别流程图

16 类品牌铁矿石中，南非铁矿石精粉、澳大利亚铁矿石精粉与其他品牌铁矿石差异显著。南非铁矿石精粉 P 质量分数为 0.146%～0.198%、S 质量分数为 0.042%～0.065%、Cu 质量分数为 0.048%～0.069%、TiO_2 质量分数为 2.31%～2.68%、CaO 质量分数为 1.40%～1.77%、MgO 质量分数为 3.54%～3.86%，都高于另外 15 类品牌铁矿石；澳大利亚铁矿石精粉 Al_2O_3 质量分数为 0.10%～0.38%、P 质量分数为 0.008%～0.027%、Mn 质量分数为 0.005%～0.019%、TiO_2 质量分数为 0%～0.015%，都低于另外 15 类品牌铁矿石，这些元素质量分数特征是这 2 类品牌铁矿石的识别依据。

除南非铁矿石精粉、澳大利亚铁矿石精粉外，全铁质量分数高于 60% 的品牌铁矿石还包括津布巴混合粉铁矿、皮尔巴拉混合块、皮尔巴拉混合粉、纽曼混合块铁矿、纽曼混合粉铁矿、麦克粉铁矿、昆巴标准粉、昆巴标准块、卡拉加斯铁矿石 9 类，对这 9 类品牌铁矿石做元素或化合物质量分数平均值并标有最大最小值的折线图（如图 2-8 所示）。

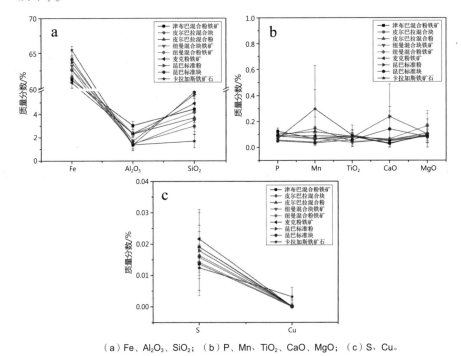

（a）Fe、Al_2O_3、SiO_2；（b）P、Mn、TiO_2、CaO、MgO；（c）S、Cu。

图 2-8　全铁质量分数高于 60% 的 9 类品牌铁矿石元素或化合物含量折线图

其中卡拉加斯铁矿石 Fe 质量分数为 64.71%～66.02%、Cu 质量分数为 0%～0.0062%，高于另外 8 类品牌铁矿石，SiO_2 质量分数为 1.11%～2.27%，低于另外 8 类品牌铁矿石；津布巴混合粉铁矿 Al_2O_3 质量分数为 2.52%～3.39%，高于另外 8 类品牌铁矿石。麦克粉铁矿、昆巴标准粉、昆巴标准块 SiO_2 质量分数为 4.29%～7.29%，高于另外 6 类品牌铁矿石；麦克粉铁矿 P 质量分数为 0.074%～0.105%，高于昆巴标准粉与昆巴标准块 P 质量分数为 0.039%～0.069%。此外，在皮尔巴拉混合块、皮尔巴拉混合粉、纽曼混合块铁矿、纽曼混合粉铁矿之间，各元素质量分数范围相互交叉，不易通过相互对比进行区分。

全铁质量分数低于60%的品牌铁矿石包括杨迪粉铁矿、哈杨粉铁矿、国王粉铁矿、弗特斯克混合粉、超特粉铁矿5类，对这5类品牌铁矿石做元素或化合物质量分数平均值并标有最大最小值折线图（如图2-9所示）。弗特斯克混合粉、超特粉铁矿的Al_2O_3质量分数为2.38%~3.43%、Mn质量分数为0.315%~0.894%，高于杨迪粉铁矿、哈杨粉铁矿、国王粉铁矿的Al_2O_3质量分数为1.11%~2.05%、Mn质量分数为0.013%~0.092%；弗特斯克混合粉Fe质量分数为57.67%~58.97%，高于超特粉铁矿Fe质量分数为56.34%~57.18%。哈杨粉铁矿SiO_2质量分数为4.09%~4.84%低于杨迪粉铁矿、国王粉铁矿SiO_2质量分数为5.03%~6.69%。

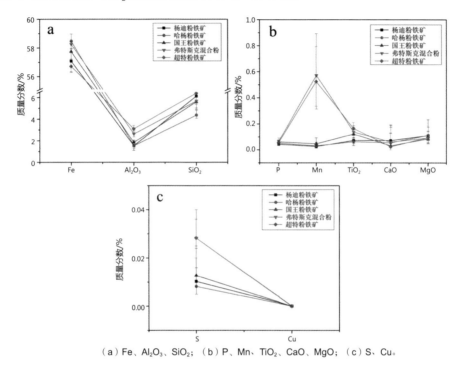

（a）Fe、Al_2O_3、SiO_2；（b）P、Mn、TiO_2、CaO、MgO；（c）S、Cu。

图2-9　全铁质量分数低于60%的9类品牌铁矿石元素或化合物质量分数折线图

综合来看，该流程图可以帮助这16个品牌的铁矿石根据其化学成分差异划分为12个组。但是，对于4个品牌（皮尔巴拉混合粉、皮尔巴拉混合块、纽曼混合块铁矿、纽曼混合粉铁矿）和2个品牌（杨迪粉铁矿和国王粉铁矿），这两组品牌都来自于澳大利亚相近的地理位置，而且在成分上也有相似的特点，要想识别出其中的规律是非常困难的。在一定程度上，流程图是一个模糊而又发人深省的工具，需要进一步借助多变量数据分析方法，在品牌分类规则上进行具体量化。因此，虽然基于箱线图分析所建立的流程图不具有同时对16个品牌进行分类的能力，但对于快速识别铁矿石品牌还是具有实际应用价值的，也可以作为验证和解释其他方法预测结果的一种补充方法。

3.3　主次元素定量数据结合判别分析识别16类品牌铁矿石

采集16个品牌1469个铁矿石样品的定量分析数据建立判别分析模型。结合判别分析，即将高维数据投影到某个方向，使得组与组之间区别最大，组内的区别最小，对数据进行分类。根据该原则确定判别式，将样品的变量代入判别式，依据一定的判别规则即可判别样品属于哪一个总体。逐步 判别分析则根据 Wilks' Lambda 极小原则，将逐步引入变量，对变量进行筛选。有效的变量筛选，不但可减少运算量，还可消除因变量间不独立而出现的线性判别函数不稳定性的问题，从而提高判别效果[91]。其筛选思想是每次只引入一个变量，同时也检验先前引入的变量；如果引入的新变量导致之前变量的判别能力不再显著，就将先前引入的变量从判别式中移除，筛选至判别式中的变量都很显著。本章使用 IBM SPSS Statistics（Version 26）进行逐步 Fisher 判别模型建立，选取 F 值大于 3.84 时变量进入判别模型，F 值小于 2.71 时变量从模型中剔除，通过建模验证和交叉验证对模型进行评价。最后，10 个变量经过逐步筛选均被保留，用于建立品牌铁矿石判别模型，包括 10 个判别函数。通过判别函数（表 2-7）可以计算得到 16 个品牌的组质心处的坐标（表 2-8）。

表 2-7　判别函数系数

变量	函数（Y）									
（X）	1	2	3	4	5	6	7	8	9	10
Fe	−0.13	3.88	−0.13	0.38	0.10	−0.44	−0.18	−0.19	−0.03	−0.11
Al_2O_3	−1.83	2.06	3.39	4.49	−1.94	−2.17	−3.51	0.78	−0.58	0.21
SiO_2	−0.55	1.98	−2.28	1.95	−0.26	0.39	1.07	−0.67	0.45	0.11
Cu	34.17	−7.84	20.10	−21.47	28.58	−117.88	2.70	−116.80	46.84	493.34
P	15.31	42.64	69.45	8.70	−29.11	75.01	73.34	−20.84	44.85	3.73
Mn	0.75	2.84	2.88	6.36	15.59	6.77	−1.12	−0.50	5.39	−0.44
TiO_2	18.23	−2.47	4.07	2.47	6.65	−15.71	15.01	−11.38	0.85	−11.26
CaO	4.28	0.69	−0.58	0.03	1.28	−1.39	4.53	12.10	5.70	1.86
MgO	27.51	−0.48	−4.90	0.94	−6.48	10.73	−14.71	3.93	−2.81	−0.46
S	−2.80	36.25	3.83	26.48	44.81	10.01	86.45	63.62	−172.18	32.32
（常数）	5.38	−255.05	6.00	−41.68	−1.61	22.61	5.90	12.98	−0.53	5.53

表 2-8　组质心

品牌	函数									
	1	2	3	4	5	6	7	8	9	10
津布巴混合粉铁矿	−4.50	3.66	7.77	5.83	−4.29	0.40	−0.10	−0.61	0.60	0.22
皮尔巴拉混合块铁矿	−2.51	1.36	2.40	−3.69	1.38	0.91	0.32	0.02	0.11	−0.03
皮尔巴拉混合粉铁矿	−2.63	1.47	4.93	1.45	−1.27	0.39	0.10	0.09	−0.05	0.02
纽曼混合块铁矿	−2.73	4.43	0.71	−2.90	0.16	0.47	0.58	0.01	−0.14	−0.01
纽曼混合粉铁矿	−1.88	5.53	2.35	2.60	−2.47	−0.66	−1.99	0.03	0.13	−0.15
杨迪粉铁矿	−3.21	−15.83	−7.20	−0.11	−1.00	−0.36	0.74	−0.14	0.13	0.24
哈杨粉铁矿	−2.44	−13.67	−2.76	−2.97	−0.78	−0.61	−1.25	0.37	−0.07	−0.08
澳大利亚铁矿石精粉	5.91	15.21	−21.88	1.38	−0.49	3.03	−1.39	−0.22	−0.02	0.06
国王粉铁矿	−3.22	−12.98	−3.28	0.88	−1.12	−0.75	1.49	−1.19	0.10	−0.35

（续表 2-8）

品牌	函数									
	1	2	3	4	5	6	7	8	9	10
弗特斯克混合粉	-3.78	-6.99	0.99	8.54	5.94	0.91	-0.12	0.23	0.10	-0.01
麦克粉铁矿	-4.03	0.48	1.44	3.40	-1.67	-0.14	0.43	-0.45	-0.82	0.17
超特粉铁矿	-4.33	-10.98	0.11	11.24	4.40	-0.54	-0.80	-0.51	-0.51	-0.27
昆巴标准粉	-2.96	10.27	-5.33	2.36	-0.09	-2.49	1.16	1.23	0.07	0.06
昆巴标准块	-4.08	11.23	-7.13	1.01	0.36	-2.41	1.12	-0.40	0.06	-0.17
南非铁矿石精粉	152.12	-1.97	2.12	0.38	0.04	-0.33	0.29	0.01	0.00	-0.01
卡拉加斯铁矿石	-0.81	9.16	4.21	-4.79	4.78	-3.24	-2.21	-0.82	-0.01	0.30

如图 2-10 中给出的方差百分比可知，前 3 个判别函数的累积方差贡献率达 96.4%，当把 3 个判别函数联合起来使用时，基本可以同时识别 16 个品牌。其中，第一判别函数的方差贡献率为 76.8%，说明此函数可以解译 76.8% 的样品信息，利用该函数能够对绝大部分样品的品牌类属进行判别；第 2 个判别函数方差的贡献率为 13.2%，说明该函数可以解译 13.2%；第 3 个判别函数方差的贡献率为 6.4%。当利用第 1 个判别函数对样品的品牌类书无法作出明确判断时，可分别依次使用第 2 个判别函数和第 3 个判别函数来对样本分属品牌进行判断。

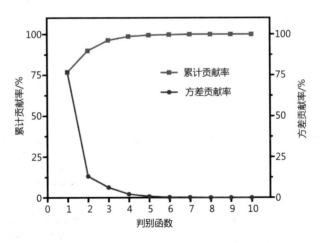

图 2-10　判别函数累计贡献率和方差贡献率

此外，函数的判别能力与各变量的绝对相关度和贡献度有关，变量的绝对相关系数越高，意味着其对判别函数的贡献越大。因此，MgO、Fe 和 P 分别与第一、第二、第三判别函数的相关性最强，是识别 16 个品牌铁矿石贡献最大的特征变量（表 2-9）。而 CaO、S、Cu，分别与贡献较小的第八、第九、第十函数相关性最强，与这三个组分在不同品牌中含量没有显著差异的结果一致（图 2-6 中（d）、（h）、（j）），因此是对 16 类铁矿石品牌识别作用最小的特征变量。

表 2-9　变量与判别函数之间相关性

变量	函数								
	1	2	3	4	5	6	7	8	9
MgO	0.77 *	0.03	−0.23	0.10	−0.18	−0.46	−0.23	0.00	−0.19
Fe	0.05	0.77 *	0.13	−0.55	0.17	0.12	−0.19	0.00	−0.01
SiO_2	−0.06	−0.05	−0.71 *	0.50	−0.18	−0.06	0.37	−0.21	0.14
P	0.07	0.10	0.59 *	0.21	−0.50	−0.32	0.42	−0.17	0.16
Al_2O_3	−0.04	−0.07	0.29	0.67 *	−0.23	0.24	−0.53	0.27	−0.07
Mn	0.01	−0.02	0.12	0.33	0.82 *	−0.39	−0.12	−0.06	0.18
TiO_2	0.51	−0.08	0.11	0.26	0.15	0.67 *	0.10	−0.32	0.01
CaO	0.14	0.02	−0.08	0.03	0.01	0.30	0.22	0.81 *	0.41
S	0.05	0.02	0.10	0.22	0.14	−0.09	0.40	0.17	−0.83 *
Cu	0.17	−0.01	0.04	−0.01	0.09	0.21	−0.08	−0.26	0.09

　　图 2-11 为第 1、2、3 判别函数三维得分图，将建模样品按其品牌投影成不同形状和颜色。从图中可以看出，三维散点图将 16 类铁矿石品牌明显分成 5 个区域，澳大利亚铁矿石精粉与南非铁矿石精粉为两个单独的区域，昆巴标准粉与昆巴标准块距离其他类别也较远，最左边区域为全铁质量分数低于 60% 的 5 类铁矿石品牌，中间的区域为全铁质量分数高于 60% 的除昆巴标准粉与昆巴标准块之外的 7 类铁矿石品牌。从图中还可以看出皮尔巴拉混合粉与皮尔巴拉混合块、纽曼混合粉铁矿与纽曼混合块铁矿、哈杨粉铁矿与国王粉铁矿、昆巴标准粉与昆巴标准块距离较近，从图 2-11 中得出的分析结果与 3.2 节中分析结果一致。

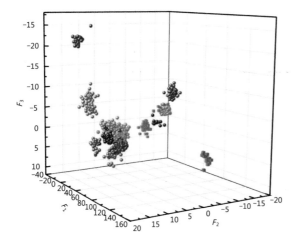

- Australian Iron Ore Concentrate
- Fortescue Blend Fines
- HIY Fines
- Jimblebar Blend Fine Ore
- Kings Fines
- MAC Fine Ore
- Newman Blend Lump Ore
- Newman Fines Iron Ore
- Pilbara Blend Fines
- Pilbara Blend Lump
- Super Special Fine
- Yandi Fine Iron Ore
- Carajas Iron Ore
- Kumba Standard Fines
- Kumba Standard Lump
- South Africa Iron Ore Concentrate

图 2-11　判别函数得分三维散点图

建模样品为构建模型所用的样品，可以回代到模型，验证模型识别的准确性。交叉验证作为一种有效的判别效果验证方法，可以避免强影响点的干扰。采用留一交叉验证法对建模所用的样品进行验证，每次留出一个作为验证，其余用来建模，最后计算平均准确率作为模型的评价。模型具体评价数据如表2-10所示，该模型对建模样品分类准确率为96.6%，交叉验证准确率为96.5%，盲样验证准确率为95.9%，说明该模型具有很好的分类准确度。

表2-10 模型具体判别结果/%

序号	品牌	建模样品验证	交叉验证	盲样验证
1	津布巴混合粉铁矿	100.0	100.0	100.0
2	皮尔巴拉混合块	93.8	93.8	89.1
3	皮尔巴拉混合粉	99.1	98.7	97.4
4	纽曼混合块铁矿	92.7	92.7	92.7
5	纽曼混合粉铁矿	96.7	96.7	94.7
6	杨迪粉铁矿	100.0	100.0	100.0
7	哈杨粉铁矿	100.0	100.0	97.0
8	澳大利亚铁矿石精粉	100.0	100.0	100.0
9	国王粉铁矿	100.0	100.0	100.0
10	弗特斯克混合粉	100.0	100.0	100.0
11	麦克粉铁矿	100.0	100.0	100.0
12	超特粉铁矿	100.0	100.0	100.0
13	昆巴标准块	90.2	94.1	100.0
14	昆巴标准粉	81.4	81.4	92.9
15	南非铁矿石精粉	100.0	100.0	100.0
16	卡拉加斯铁矿石	100.0	100.0	100.0
	总计	96.6	96.5	95.9

分析盲样的测试结果，发现出现判别错误的品牌在散点图上分布位置极为接近。在362个盲样验证样品中共有15个样品判别错误，具体为：64个皮尔巴拉混合块中有4个误判为皮尔巴拉混合粉、3个误判为纽曼混合块铁矿；77个皮尔巴拉混合粉中有2个误判为纽曼混合粉铁矿；41个纽曼混合块铁矿中有3个误判为皮尔巴拉混合块；19个纽曼混合粉铁矿中有1个误判为纽曼混合块铁矿；33个哈杨粉铁矿中有1个误判为国王粉；14个昆巴标准粉中有1个误判为昆巴标准块。这4个品牌的识别正确率略低于大部分品牌，从元素质量分数的角度分析，皮尔巴拉混合块与皮尔巴拉混合粉、纽曼混合块铁矿在 Cu、P、CaO、MgO、S 中质量分数很接近，皮尔巴拉混合粉与纽曼混合粉铁矿在 Al_2O_3、Cu、P、TiO_2、CaO、S 中质量分数很接近（图2-12a）。但是，相对于3.1中的流程图识别方法完全不能区分这4个品牌，基于逐步线性判别的识别方法具有进步之处。昆巴标准粉与昆巴标准块除 Al_2O_3 与 CaO 之外的元素质量分数范围都

十分接近（图 2-12b），哈杨粉铁矿与国王粉在中 Al_2O_3、P、S 的差异都很小（图 2-12c）。综合来看，不同品牌铁矿石成分质量分数的差异是鉴别的主要因素。本研究提出了一种利用逐步线性判别对铁矿石品牌识别的方法，即使来自同一国家的品牌成分质量分数相当相似，也可以达到同时区分 16 种品牌的能力。

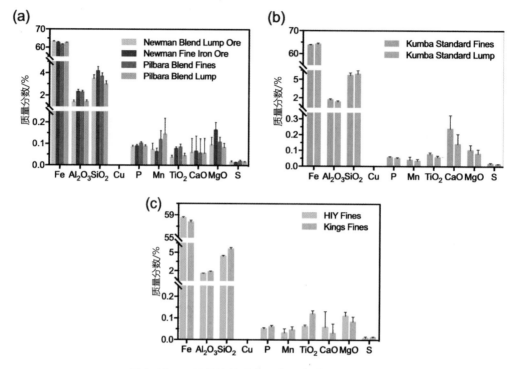

图 2-12 不同品牌铁矿中主次元素质量分数对比

3.4 小结

本章采集了澳大利亚、南非、巴西 3 个国家 16 个品牌 1469 批铁矿石的 X 射线荧光光谱定量数据，结合判别分析建立品牌铁矿石判别分析模型。建立的模型包括 10 个判别函数，可同时判别 16 个铁矿石品牌，准确率为 96.2%。在对大量铁矿石样品进行多元素分析的过程中，发现了多元素含量与品牌之间的显著关系，并据此建立了品牌铁矿识别流程图。综上所述，证明了利用逐步线性判别模型或识别流程图结合多元素含量，鉴别未知铁矿石品牌是可行的。就未来的应用而言，化学成分与品牌之间的关系可以为更广泛的铁矿石品牌识别提供研究基础。

参考文献：

［1］ PATEL A K, CHATTERJEE S, GORAI A K. Development of a machine vision system using the support vector machine regression（SVR）algorithm for the online prediction of iron ore grades［J］. Earth Sci Inf, 2019,12（2）:197-210.

［2］ OSTADRAHIMI M, FARROKHPAY S, GHARIBI K, et al. Determining iron grades of ores or concentrates containing sulfide minerals［J］. Metall Mater Trans B,2020,51（2）:505-509.

［3］Xiao D,Le B T,Ha T T L. Iron ore identification method using reflectance spectrometer and a deep neural network framework［J］. Spectrochim. Acta,Part A,2021,248:119168.

［4］YANG Y,HAO X,ZHANG L,REN L. Application of scikit and keras libraries for the classification of iron ore data acquired by laser-induced breakdown spectroscopy（LIBS）［J］. Sensors,2020,20（5）.

［5］GUO Y M,GUO L B,HAO Z Q,et al. Accuracy improvement of iron ore analysis using laser-induced breakdown spectroscopy with a hybrid sparse partial least squares and least-squares support vector machine model［J］. J Anal At Spectrom,2018,33（8）:1330-1335.

［6］LI T,MIN H,LI C,YAN C,et al. Simultaneous determination of trace fluorine and chlorine in iron ore by combustion-ion chromatography（C-IC）［J］. Anal Lett,2021:1-11.

［7］SHENG L,ZHANG T,NIU G,et al. Classification of iron ores by laser-induced breakdown spectroscopy （LIBS）combined with random forest（RF）［J］. J Anal At Spectrom,2015,30（2）:453-458.

［8］YAN C,WANG Z,RUAN F,et al. Classification of iron ore based on acidity and alkalinity by laser induced breakdown spectroscopy coupled with N-nearest neighbours（N3）［J］. Anal Methods,2016,8（32）: 6216-6221.

［9］WANG P,LI N,YAN C,et al. Rapid quantitative analysis of the acidity of iron ore by the laser-induced breakdown spectroscopy（LIBS）technique coupled with variable importance measures-random forests （VIM-RF）［J］. Anal Methods,2019,11（27）:3419-3428.

［10］LI F,GE L,TANG Z,et al. Recent developments on XRF spectra evaluation［J］. Appl Spectrosc Rev, 2020,55（4）:263-287.

［11］ZHAO H,WANG F,YANG Q. Origin traceability of peanut kernels based on multi-element fingerprinting combined with multivariate data analysis［J］. J Sci Food Agric,2020,100（10）:4040-4048.

［12］WU Q-J,DONG Q-H,SUN W-J,et al. Discrimination of Chinese teas with different fermentation degrees by stepwise linear discriminant analysis（S-LDA）of the chemical compounds［J］. J Agric Food Chem, 2014,62（38）:9336-9344.

［13］武素茹,谷松海,宋义,等. 进口铁矿产地鉴别模型的建立［J］. 计算机与应用化学,2014,（12）: 137-140.

［14］刘玉纯,林庆文,马玲,等. 粉末压片制样-X 射线荧光光谱法分析地球化学调查样品测量条件的优化［J］. 岩矿测试,2018,37（6）:74-80.

［15］廖海平,付冉冉,任春生,等. 熔融制样-X 射线荧光光谱法测定硫铁矿中主次成分［J］. 冶金分析, 2014,34（12）:29-32.

［16］曹晓兰,陈星明,张帅,等. 高光谱参数和逐步判别的苎麻品种识别［J］. 光谱学与光谱分析,2018, 38（5）:225-229.

［17］陈家伟,胡翠英,马骥. 荧光光谱法结合 Fisher 判别分析在西洋参鉴别中的应用［J］. 光谱学与光谱分析,2017,37（4）:1157-1162.

［18］李艳敏,张立严,狄红梅. 主成分和判别分析在清香型白酒产地溯源中的应用［J］. 中国酿造,2018, 37（1）:145-148.

［19］LUO R J,JIANG T,CHEN X B,et al. Determination of geographic origin of Chinese mitten crab（Eriocheir sinensis）using integrated stable isotope and multi-element analyses［J］. Food Chemistry,2019,（274）: 1-7.

［20］LIU H Y,ZHAO Q Y,GUO X Q,et al. Application of isotopic and elemental fingerprints in identifying the geographical origin of goat milk in China［J］. Food Chemistry,2019,（277）:448-454.

［21］叶超凡,秦建新. 基于 Bayes 判别分析法的郴州市山洪灾害预报［J］. 湖南生态科学学报,2017,

4(4):32-39.

[22]李乡儒,胡占义,赵永恒.基于 Fisher 判别分析的有监督特征提取和星系光谱分类[J].光谱学与光谱分析,2007,27(9):1898-1901.

[23]潘劲松.Fisher's 判别分析及应用[J].数学的实践与认识,2013,43(5):155-162.

[24]朱志秀,冯健,李晨,等.X 射线荧光光谱无标样分析技术在出入境矿产品检验中的应用[J].理化检验(化学分册),2009,45(7):832-835.

[25]GB/T 6730.62—2005 铁矿石铝、硅、镁、锰、铝和钡含量的测定波长色散 X 射线荧光谱法.

[26]GB/T 6730.5—2007 铁矿石全铁含量的测定三氯化钛还原法.

[27]GB/T 6730.61—2005 铁矿石碳和硫含量的测定高频燃烧红外吸收法.

[28]Granato D,Putnik P,Kovaevi D B,et al. Trends in Chemometrics:Food Authentication,Microbiology,and effects of processing[J]. Comprehensive Reviews in Food Science & Food Safety,2018,17(3):663-677.

第三章　激光诱导击穿光谱在进口铁矿石产地溯源中的应用

在铁矿石国际贸易中，为了实现实时在线的质量控制，保障贸易安全，需要对进口铁矿石的原生产国家和品牌进行识别和分类。激光诱导击穿光谱（laser-induced breakdown spectroscopy，LIBS）是一种实时、原位、多元素同时分析的原子发射光谱，可以实现铁矿石快速检测的需求，但噪声、基体效应、基线干扰、自吸收和激光能量波动等会影响分析结果的重现性和准确性[1]。而近年来，人工神经网络（artificial neural network，ANN）作为一种应用广泛的机器学习模型，具有强大的输入输出非线性映射能力、自我适应能力和学习能力[2]，可以有效克服光谱干扰，推动了LIBS技术的应用发展。

本章首先利用PCA-ANN模型辅助激光诱导击穿光谱技术，用于鉴定澳大利亚、巴西和南非的138批铁矿石样品。将二次拟合、平滑和多元散射校正三种手段结合，对光谱进行预处理。再采用主成分分析降低数据的维数，并对PC1和PC2的载荷图进行解析，得出具有突出贡献的光谱发射线为铁、钠、钙、镁和铝线。所建立的方案在原产国分类应用中，验证数据集和测试数据集的分类准确率分别达到100%；在品牌分类时，验证和测试数据集的分类准确率分别达到99.19%和99.19%。

其后，将样本数量和种类进行进一步扩充，并根据这些进口铁矿石的LIBS数据特征，设计了卷积神经网络，对澳大利亚、巴西和南非的16种品牌铁矿石进行品牌预测。5倍交叉验证的校正集和预测集的准确度分别为99.86%和99.88%，损失函数值为0.0356。同时，以原始光谱为输入变量，将建立的CNN方法与常用机器学习方法进行比较，证明了CNN方法优于其他方法。最后，通过 t 分布随机邻域嵌入算法和铁矿石主要化学成分的定量数据，逐层解释了CNN自适应提取LIBS特征的有效性。此方案表明，CNN模型辅助LIBS能够显著减少预处理和特征选择中的人工因素，在铁矿石品牌分类中具有广阔的应用前景。

1　研究现状

1.1　激光诱导击穿光谱检测铁矿石的应用进展

1.1.1　铁矿石的分类研究

根据铁含量对铁矿石进行分类，可以有效控制铁矿石质量。Sheng等[3] 利用LIBS

光谱对 10 个铁矿石样品进行鉴别和分类，这是激光诱导击穿光谱在铁矿石模式识别领域的开创性工作。将 10 个铁矿石样品的 300 条 LIBS 光谱随机分为训练集（200 条光谱）和测试集（100 条光谱）。使用训练集构建 RF 分类模型，选择测试集作为测试样本来验证所构建模型的性能。利用袋外值（OOB）估计对 RF 算法的两个参数（数的数量 n_{tree} 和随机选择变量 m_{try}）进行了优化。RF 方法平均预测准确率为 100%，与 SVM 方法相比，具有更好的预测效果。整体而言，LIBS 结合 RF 算法首次应用于识别和鉴别铁矿石样品，对后续的研究工作提供了良好的基础。随后，许琳[4] 利用 K 最邻近算法（KNN）对 LIBS 技术测量到的 5 种铁矿石数据进行训练，对铁矿石进行预测，确认该方法在与 LIBS 结合使用方面对铁矿石类别预测的准确性和可行性。

铁矿石的酸碱度是矿山企业和高炉企业的一项重要指标，一般定义为碱性氧化物（氧化钙和氧化镁）与酸性氧化物（氧化铝和氧化硅）的浓度比。Yan 等[4] 将 LIBS 光谱输入 N3 最邻近模型，实现了对酸性、半自熔、自熔和碱性 4 类铁矿石的分类。炉渣作为钢铁工业的重要副产品，炉渣的分类与鉴别对保证冶炼作业的顺利进行、钢材质量、金属回收率等方面起着决定性的作用。由于 LIBS 光谱的噪声会影响模型的准确度，Tang 等[5] 研究了 LIBS 技术与基于变易重要性的随机森林模型（VIRF）相结合的熔渣分类分析方法。

1.1.2 铁矿石的定量分析研究

目前 LIBS 在铁矿石定量分析的检测项目主要包括全铁、钙、镁、硅、铝、钾、磷含量，以及酸碱度、烧失量。

1.1.2.1 全铁含量

铁元素以氧化物形态（Fe_2O_3、Fe_3O_4）存在于铁矿石中，铁矿石中全铁含量是评价铁矿石质量的关键指标，以 TFe% 表示。铁矿石有无开采价值，开采后能否直接入炉冶炼及其冶炼价值如何，均取决于矿石的全铁含量。铁矿石的全铁含量与铁矿石的价格密切相关，因此全铁含量的分析尤为重要。LIBS 定量分析中由于铁元素为主要元素，存在严重基体干扰，使得 LIBS 单变量定量不准确。Sheng 等[6] 基于传统化学分析方法的概念，利用内标结合外标法校正特征光谱强度，建立校正曲线，有效消除基体效应的影响并且提高定量分析的准确性。与此同时，内标法可校正样品中特征谱线的积分强度。方法所得结果为（20.17±0.08）%，绝对误差为（0.09±0.51）%，相对误差为 0.4462%。

通过 LIBS 谱图中多个特征峰与全铁含量关系建立多变量回归可以有效利用谱图信息，提高 LIBS 定量分析的准确度和精密度。Ding 等[7] 探索了结合 LIBS 技术和核极限学习机（K-ELM）算法对烧结矿全铁含量定量分析的方法。以 20 个烧结样品为校准样品，以它们的 LIBS 光谱数据作为输入变量，建立校准模型，其余 10 个烧结样品作为测试集样本。为了验证烧结样品校正模型的预测能力，采用均方根误差对 K-ELM 和 PLS 模型的性能进行了比较。结果表明，对于校正集和测试集，K-ELM 模型在定量分析全铁含量和碱度方面优于 PLS 模型。且 K-ELM 模型得到的相关系数均在 0.9 以上，均方根值相对较低。该方法能快速、有效地实现烧结矿全铁含量和碱度的定量分析，可用于冶金原料的分析和控制，从而缩短分析时间，节约生产成本。

1.1.2.2 钙、镁、硅、铝含量

铁矿石除了铁元素之外，还包括钙、镁、硅、铝、锰等常量元素，而且它们也是以氧化物方式存在于铁矿石中，其含量（质量分数，下同）在 0.1% ~ 10.0%。1991 年，Grant 等[8] 首次利用 LIBS 光谱对铁矿石进行了多元素定量分析，以铁元素作为内标，钙、镁、硅、铝的分析精度在 2% ~ 25% 之间，检测极限为 0.01%，作者认为 LIBS 有可能从实验室发展为工业分析。后来，Sun 等[9] 在已知成分的一些铁矿标准样品中应用了 LIBS 来分析镁和硅，绘制了校准曲线。为了获得最佳的信噪比和精度，评估了最佳试验条件，包括重复率、样品上的激光火花数、激光能量、栅极延迟和栅极宽度时间。Barrette 等[10] 采用 LIBS 技术成功开发了用于在线实时测量工业球团厂铁矿浆中硅、钙、镁、铝含量的方法，使用多变量算法校正，获得了与传统实验室灵敏度和精度相一致的分析结果。

为进一步提高 LIBS 在铁矿石分析中的定量精度，Lu 等[11] 提出了一种混合稀疏偏最小二乘支持向量机（least-squares support vector machine，LS-SVM）模型。采用稀疏偏最小二乘法选择变量，建立了光谱数据与浓度之间的多元线性回归模型。采用 LS-SVM 对 S-PLSR 模型的残差进行拟合，以处理非线性自吸收和基体效应。基于混合模型建立了磁铁矿样品中主要成分二氧化硅、氧化铝、氧化钙和氧化镁的校正模型。LS-SVM 能较好地预测残差，与 SPLS 模型得到的结果相比较，R^2 从 0.971 0 提高到 0.993 3，预测均方根误差（RMSE）也随之从 1.179 3% 降低到 0.624 2%。研究表明，混合模型也是对铁矿石 LIBS 光谱分析的一种具有竞争力的数据处理方法。

1.1.2.3 钾和磷的含量

磷含量是评价铁矿石质量的重要指标。Death 等[12] 利用 250 nm LIBS 光谱和主成分回归（简称 PCR）对铁矿石中的磷含量进行了分析，但是由于磷的含量过低，建立的校准曲线不理想。此后使用 216 nm LIBS 数据[13] 对南非西部铁矿石样品磷含量进行主成分回归，磷含量范围小于 0.7%，216 nm 区域包含磷的特征发射线，校准曲线的 R^2 为 0.955 3，相对平均预测误差 0.04%。此外，还对钾元素进行了定量分析，模型 R^2 为 0.99，模型和预测的平均相对误差分别为 4.2% 和 2.6%。

1.1.2.4 酸碱度

酸碱度一般是指矿石成分中的碱性氧化物与酸性氧化物的质量分数的比值（CaO+MgO)/(SiO$_2$+Al$_2$O$_3$）。根据碱性、酸性氧化物的比值，可分为碱性矿石、自熔性矿石、半自熔性矿石和酸性矿石。其中，碱性矿石是指造渣组分的酸碱度大于 1.2 的矿石，酸性矿石是指造渣组分的酸碱度小于 0.5 的矿石。目前针对铁矿石酸碱度的分析方法经过多年的理论研究和实际应用已基本成熟，并取得较好的检测效果，但针对工业生产中实时在线检测的需求，还存在一些问题。Hao 等[14] 结合 LIBS 与偏最小二乘法回归（PLSR）来测量铁矿石样品的酸度。传统的内标标定方法有时难以克服基体效应的影响，而多变量回归可以补偿这些影响，从而实现准确的酸度定量分析。Yang 等[15] 开发了一种 LIBS 技术结合随机森林回归（RFR）用于烧结矿的碱度定量分析方法，将烧结矿样品的 LIBS 光谱数据作为输入变量来构建校正模型，并通过均方根误差比较了

RFR 和 PLS 两种模型的性能来验证模型的预测能力，结果表明，基于 RFR 的校准模型比 PLSR 具有史好的样本碱度预测能力。Wang 等[16] 提出了基于自由定标的激光诱导击穿光谱（CF-LIBS）结合二进制搜索算法（BSA）来测定铁矿石的酸度。在未知样品的酸度计算中，预测值接近真实值，酸度质量分数的均方根误差和平均相对误差分别为 0.0145% 和 4.01%。然而这些校准模型的稳定性和预测精度在很大程度会受到随机选择的参数的影响，容易陷入局部最优的困局。此外，上述方法只能区分输入和输出之间的关系，不能发现变量之间的相互关系。在建模过程中，每个变量都具有相同的重要性，这些模型不能区分真实变量和噪声变量。Wang 等[17] 探索了 LIBS 技术和变量重要度测量-随机森林（VIM-RF）的结合用于铁矿石的酸度定量分析，在建模过程中采用了 VIM 算法对输入变量进行了优化。结果表明，VIM-RF 模型具有较好的预测能力，预测集的酸度 RMSE 为 0.055 4%，R^2 为 0.9103。LIBS 结合化学计量学算法是一种快速、在线分析铁矿石酸碱度的新技术，为冶金行业铁矿石质量控制提供了一种新思路。

1.1.2.5 烧失量

烧失量（Loss on ignition，LOI）是铁矿石的重要指标，指经过（105±2）℃范围内烘干的铁矿石样品，在（1000±25）℃下灼烧 1 h 并恒重后失去的质量占原始样品质量的百分比。LOI 与铁矿石中高温下灼烧损失元素（如碳、氢、氧、氮、硫等）及价态发生改变的元素（如 Fe）有着密切关系。Yaroshchyk 等[18] 采用激光诱导击穿光谱和 PLSR 分析方法，实现了对 5 个不同矿床铁矿石样品 LOI 的定量测量，训练集 R^2 为 0.94，验证集 R^2 为 0.87，预测均方根误差为 1.1%。

1.2 人工神经网络辅助激光诱导击穿光谱数据分析中的应用进展

1.2.1 地质样品

岩性识别。岩性的快速鉴别有利于质量监控，提高工业利用率。部分矿物会存在组成元素相同但含量不同的现象，LIBS 技术可以实现原始矿石的多元素快速检测，无需复杂制样，但是仅依靠该技术进行元素分析并不能准确将各类矿石完全区分，而 ANN 技术分析 LIBS 光谱数据时，相较于其他模型，识别精度可以提升至较高水平。如图 3-1 所示，Alvarez 等[19] 用 LIBS 采集原矿石，保留了原始基质特征；对比树状图、PCA 和决策树对 LIBS 光谱进行聚类和特征提取；证明不同的输入变量会影响 LIBS 结合算法进行分类的性能，并与 K 近邻（KNN）算法，簇类独立软模式（SIMCA）算法和偏最小二乘判别分析（PLSDA）算法进行对比，利用灵敏度、精度、准确度、稳健性突出 ANN 较其他模型的巨大优势。闫梦鸽等[20] 将 ANN 训练得到的权向量与测试样本进行相关系数分析，对比了改进后的 ANN 模型对全谱、主成分分析（PCA）和特征谱线的分类准确率，攻克了相似地质样本的聚类现象。Yang 等[21] 利用主成分载荷图进行铁矿石 LIBS 光谱指纹区域提取，结合 ANN 对进口铁矿石进行原产国家和品牌的鉴别，准确度均在 99% 以上。虽然 ANN 技术可以解决矿物 LIBS 数据的岩性快速识别问题，但通过研究人员的不断尝试，提取出的不同特征波段对不同模型预测精度仍存在较大的影响，ANN 较其他模型受影响程度相对较小。

定量分析。地质样品含有丰富的金属元素，基质复杂，对 LIBS 技术进行定量分析带来挑战，通常情况下，定标效果并不理想，精度有限，引入 ANN 模型进行 LIBS 数据定量分析，攻克了 LIBS 技术分析地质样本的诸多缺陷。Lu 等[22] 分析了不同熔沸点元素在激光烧蚀不同时间产生等离子体现象对 LIBS 特征发射线的影响，并利用 BPANN 成功预测 Ti 元素浓度，证明 ANN 可有效减少元素等离子体出现时间不同而产生的非线性干扰。Ding 等[23] 指出烧结铁矿石的 LIBS 光谱中存在显著的重叠峰现象和基体效应，利用多变量校准模型 K-ELM 模型能克服干扰，准确预测铁含量和碱度。胡杨等[24] 指出 USGS 系列地质标样基体效应明显，采用 LIBS 技术结合 BPANN 对 Fe 元素定量分析的相对误差均在 6% 以下，克服了自吸收、元素间干扰、激光能量波动等影响。

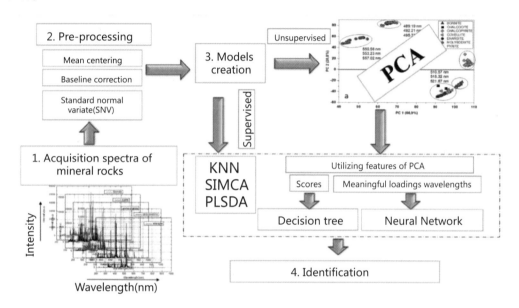

图 3-1　矿物 LIBS 光谱数据的典型处理流程图[19]

1.2.2　合金材料

废料分选。对金属废料进行回收利用有利于保护环境和发展循环经济，因此快速有效的分选技术不可或缺，LIBS 技术由于优越的在线监测优势，已经成功应用于多种废料的分选工艺。Campanella 等[25] 利用"模糊"方法改进 ANN 模型，将每一类样本的 LIBS 光谱类型标签编成 4×1 列的向量（如 * = [1 0 0 0]），并用向量代替类的数量作为输出，使 ANN 模型克服了 LIBS 常有的信号低和重复性差的问题。Kong 等[26] 利用 LIBS 技术进行分区测试，Fe、Cr 和 Ni 特征线集中的波段经过 PCA 降低维数后，ANN 可以将废钢 100% 区分，证明对废钢材料，即使依靠先验知识进行人工分区的 LIBS 光谱，无需复杂的特征提取，ANN 就可以达到令人满意的结果。

定量分析。合金在工业上应用广泛，由一种或多种金属和非金属熔合而成，具有复杂的元素组成。针对其元素含量，国内外均有 LIBS 结合 ANN 技术进行分析，各方案主要成果如表 3-1 所示。由于合金中的元素复杂多样，LIBS 光谱中常存在基线漂移、自吸收、重叠峰和谱线相互干扰等现象，导致对元素定量分析精度有限，学者们将LIBS 与 ANN 结合，有效筛除干扰信息，实现了对合金中多种元素快速精确的分析，这可归因于 ANN 良好的非线性映射能力。此外，利用优化算法调整 ANN 参数，改善了收敛速度慢和陷入局部极小的问题；基于 ANN 的混合模型能有效防止过拟合，进一步提升了单一模型对合金元素定量学习的极限。

表 3-1　LIBS 技术结合 ANN 模型对合金元素进行分析的典型研究

合金类型	元素	ANN 模型	主要成果	参考文献
碳钢	C（I）247.86 nm	GA-BPANN	克服相邻铁谱线干扰	[27]
碳钢；低合金钢；微合金钢	Cu；V	GA-ANN	GA 用于选取样本目标元素的特征谱线强度比，提高了 ANN 分析精度	[28]
碳钢；低合金钢；微合金钢	Cr；Ni	基于 ANN 的多谱线校正（MSLC）	用目标和基体元素的多谱线强度比训练神经网络识别等离子体脉冲的变化，克服了激发条件不稳定的问题和自吸收效应	[29]
铜镍二元合金	Ni	BPANN	训练 ANN 识别谱线强度与等离子体参数之间的基本物理关系，克服了激光波动和基体效应	[30]
青铜标样	Cu（324.75 nm；327.39 nm）Sn（303.41 nm；326.23 nm）	ELM-SVR	以 ELM 的输出为支持向量回归（SVR）输入的混合模型，解决 ELM 模型的超参数过拟合的问题，提高了定量分析的准确度	[31]

1.2.3 有机聚合物

硅橡胶老化程度鉴定：硅橡胶绝缘能力强，常被用于包裹电线，但老化问题会导致其性能下降、寿命缩短。陈凭等[32] 利用热重分析（TGA）探究硅橡胶填料含量对老化的影响；PCA-ANN 模型分析 Si、Al、C 和 O 等元素的光谱线强度的关系，对样品的抗侵蚀水平进行分类。由于材料有机成分含量高，LIBS 技术检测光谱仅包含元素的类型和发射峰强度，缺少物质结构特征，说明在这些领域，仅靠 LIBS 技术结合算法进行分析有一定的局限性，与其他技术互补有助于全面分析和解决问题。

塑料分选。对塑料回收再利用，突破传统手工分拣效率低的难题，已经发展成一项全球任务。Roh 等[33] 利用 PCA 和独立成分分析（ICA）混合预处理算法将 LIBS 技术采集的光谱进行特征提炼，提高了 RBFNN 学习性能、计算效率和泛化能力，该识别系统对黑塑料识别问题有协同效应，ANN 模型处理 LIBS 数据时，克服了黑色塑料物理状态以及噪声信息对分析的干扰，验证了识别性能与提取的特征个数之间的关系；最后指出 RBFNN 继承了传统 ANN 和模糊理论的优点，对 GA 优化其结构进行了展望。如图 3-2 所示，Junjuri 等[34] 利用飞秒激光诱导击穿光谱（fs-LIBS）收集塑料信息，用

PCA 筛选出仅占总数据 2.5% 的 10 个显著的原子和分子特征光谱，ANN 的识别率高达 100%，证明神经网络模型对于塑料 LIBS 数据的显著特征的学习效率很高，对塑料分拣做出贡献。这种利用化学计量学手段进行 LIBS 数据降维和特征提取的手段相对快速简便，传统的手动筛选特征费时费力，不合适的特征反而会降低分类器的正确率，难以应用于现场快速分拣，LIBS 技术结合 ANN 模型既能提高所提取的特征光谱的利用价值，也可以节约分析时间。

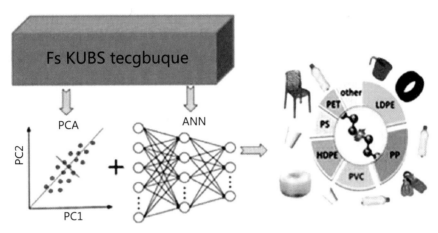

图 3-2 Fs-LIBS 结合 ANN 用于塑料分类流程图[34]

1.2.4 煤炭

灰分分析。煤炭中含有丰富的矿物质，燃烧后会产生大量灰分，LIBS 技术已被证明可以有效检测灰分组成成分，快速得知煤炭的种类与特性。Zhang 等[35] 报道了独立主成分分析（ICA）-WNN 模型对于煤灰的分类与鉴别能力，证明 WNN 可以对不同煤灰进行种类鉴别。另外，Wei 等[36] 利用小波分析多尺度和局域性、ANN 自组织和自适应的优点，对煤灰 LIBS 光谱进行噪声和干扰信息滤除，分析几种主要矿物质（SiO_2，Al_2O_3，Fe_2O_3，CaO，MgO，MnO_2 和 TiO_2）的含量，证明 WNN 比传统 ANN 具有更强的自适应能力、更快的收敛速度和更高的预测精度。

热值测量。热值是反应煤品质的又一指标。Lu 等[37] 根据物理机理及数学手段挑选 LIBS 数据的分析谱线，并用 GA 优化 BPANN，提高了模型收敛速度和泛化能力，预测总热值的平均绝对误差（MAE）为 0.39 MJ/kg。李越胜等[38] 针对煤粉样本间的基体差异，采用 K-means 将样本聚类，选用离聚类中心较近的样品作为预测集，消除基体效应干扰，使其更有一般性，然后根据物理意义挑选主要元素（C、O、H、Ca、Na、K、Mg 等）发射线作为 BPANN 输入，预测结果重复性较好。

元素含量分析。煤炭作为主要能源之一，元素含量分析对煤质监测意义重大。Yan 等[39] 利用 K-ELM 模型克服了传统线性模型无法解决的 LIBS 试验参数不可控波动、样品表面不均匀性和物理化学基质效应等问题，完善了传统 ANN 训练缓慢、局部最优、过拟合和结果波动大等缺陷，成功用于煤炭中 C 和 S 元素定量测试。

1.2.5 土壤

有机质含量预测。土壤的理化性质可以通过有机质评判，作为有机物检测，LIBS

技术往往需要结合其他技术进行信息互补分析。Xu 等[40] 研究了 LIBS 技术与衰减全反射傅里叶变换中红外光谱（FTIR-ATR）的数据融合策略，即分别将光谱进行处理后，直接进行拼接作为输入变量；定量分析结果优于单一光谱预测精度，说明将 LIBS 技术与其他方法进行数据融合可以进一步提高 ANN 的学习能力。

元素含量分析。土壤是植物生长的基质，对土壤中金属元素的检测可以有效反应土壤的健康状况。国内外利用 LIBS 结合 ANN 进行的研究如表 3-2 所示。LIBS 原始数据量大，对其进行特征提炼可以降低维度，提高 ANN 计算速度。在这些典型报道中，利用经验或算法选取特征谱线及相关谱线的区间，大大缩减了数据量，ANN 对土壤中的 K、Cd、Pb、Cd 和 Ag 等元素均能实现高精度预测，有效克服了基体效应和噪声干扰，表现出强大的自学习、自组织和自适应能力。

表 3-2　LIBS 技术结合 ANN 模型检测土壤金属含量的典型研究

元素	ANN 模型	输入变量	主要成果	参考文献
K	CNN	主成分和延迟时间确定的时间分辨 LIBS 数据矩阵	$R_V = 0.9968$；$E_{RMSEV} = 0.0785$	[41]
Cd	BPANN	分析谱线与谱线区间：346.29 ~ 346.93 nm	$R_C = 0.9999$；$R_P = 0.9815$	[42]
Pb、Cd	BPANN	分析谱线与谱线区间：346.29 ~ 346.93 nm；405.43~406.17 nm	$R_P = 0.9953$；$E_{RMSEP} = 0.1452$	[43]
Ag	BPANN	数据最后一列加入一项带有土壤类型的数据，组成广义光谱	$R_V = 0.9999$；10^{-6} 量级	[44]

注：R-决定系数；RMSE-均方根误差；C-校准集；V-验证集；P-预测集。

1.2.6　生物材料

植物。植物是自然界中必不可少的组成部分，品种繁多，种类间基质差异较大，LIBS 结合 ANN 技术能克服种类差异，有效分析各种植物。Peng 等[45] 对比了偏最小二乘回归（PLSR）和 ELM 模型对烟叶中的铜含量的标定性能，指出 ELM 是一种优于传统线性模型的多变量校准方法，能够从原始信号中提取有用的信息，在非线性情况下具有更好的预测能力，避免了烧蚀过程、基体效应和参数波动所导致的 LIBS 光谱偏差。植物医学方面，疾病快速诊断是一项具有挑战性的任务，Liu 等[46] 利用 LIBS 技术诊断油菜菌核病，相比其他三种模型，ELM 预测准确率最佳，但仅 85% 左右，说明对油菜这种基质，LIBS 光谱噪声、基线等干扰信息过多，仍有待开发能有效克服多种非线性干扰的化学计量学手段。Liu 等[47] 指出仅依靠纤维素含量很难对生物质鉴定，利用 LIBS 结合多种化学计量学方法对四类生物质球团进行分析时，RBFNN 优势明显。此外，为进一步验证 RBFNN 模型优秀的识别性能，根据模型的预测类别和实际样本，绘制生物质球团的分类伪彩色图像，如图 3-3 所示。这种手段有效克服了 ANN 固有的暗箱操作缺陷，利用其他可视化技术能进一步解释算法对光谱信息的学习和特征提取能力，直观地显示出 ANN 技术的优势。

微生物。致病微生物包含细菌、病毒、霉菌、感染因子、变形虫和真菌等，在生活中时常出现，对身体健康存在隐患。LIBS 可以实现样本直接检测，结合 ANN 技术后，提高了微生物分析的效率和速度。Manzoor 等[48] 利用 LIBS 技术获得不同元素（C、N、H、O 和 CN 等）的组合信息，经过 ANN 学习后正确鉴别了培养皿中 7 种念珠菌。对于细菌的鉴别，Prochazka 等[49] 利用拉曼光谱（Raman）与 LIBS 技术化学信息互补（分子组成和元素组成）的优点进行光谱融合，基于自组织映射算法（SOM）的 ANN 能够对融合信息实现 100% 鉴别，补偿了原子发射光谱的局限，说明基于 LIBS 的技术融合可以提高细菌鉴别的精度，同时也证明 ANN 强大的多元数据分类能力。

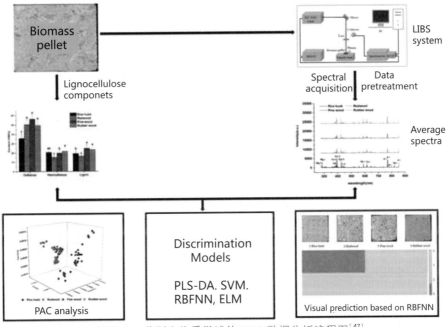

图 3-3　鉴别生物质微球的 LIBS 数据分析流程图[47]

1.2.7　其他领域

LIBS-ANN 技术除了解决以上领域的相关问题外，在食品质量控制（如牛奶掺假、转基因玉米鉴别）、金属冶炼质量控制（如炉渣元素定量分析）、核安全检测（如核法证学）、考古研究（如古陶瓷鉴定）、公共安全（如枪支发射残留识别、大宗物流的重金属危险品检测）、文件检查程序（如纸墨样本分类）等方面也均取得少量的应用成果。

2　误差反向传播人工神经网络辅助激光诱导击穿光谱识别进口铁矿石原产国及品牌

2.1　材料与方法

2.1.1　进口铁矿石样品

从上海、湛江等港口收集了 138 批粉末状进口铁矿石样品。在卸料过程中。根据 ISO 3082 标准，选择具有代表性的铁矿石，将其制成分析样品，其标准粒度为 100 μm，有关铁矿粉的详细信息见表 3-3。

表 3-3　铁矿石样品信息表

国家	样品品牌	品牌英文名称	批次	矿区
澳大利亚	皮尔巴拉粉铁矿	Pilbara Blend Fines	15	Pilbara
	皮尔巴拉块铁矿	Pilbara Blend Lump	14	Pilbara
	哈默斯利杨迪粉铁矿	Yandi Fine Ore	19	Yandi
	纽曼混合块铁矿	Newman Blend Lump Ore	7	Newman
	纽曼混合粉铁矿	Newman Blend Fine Ore	13	Newman
	津布巴粉铁矿	Jimblebar Blend Fine Ore	5	Jimblebar
	福蒂斯丘混合粉铁矿	Fortescue Blend Fines	11	Pilbara
	澳大利亚精粉铁矿	AustralianIron Ore Concentrate	5	Pilbara
南非	昆巴标准粉铁矿	Kumba Standard Fines	10	Kumba
	昆巴标准块铁矿	Kumba Standard Lump	14	Kumba
巴西	巴西混合粉铁矿	Brazilian Blend Fine Ore	11	Minas Gerais
	卡拉加斯粉铁矿	Carajas Iron Ore	14	Para

3.1.2　仪器与光谱采集

使用的试验系统是一个商业 LIBS 系统（Chemreveal 3764，TSI 公司），配备了调 Q 型 Nd：YAG 激光器为光源设备，该激光器能够发射波长为 1064 nm，最大输出能量为 200 MJ，重复频率为 5 Hz 的脉冲激光。用 50 mm 的焦距透镜垂直将发射的激光束聚焦到靶面上。聚焦光斑尺寸被优化为 200 μm。配备准直光学元件的光纤位于样品表面以上约 20 mm 的距离处。样品直接放置在可以手动调节 X-Y-Z 样品台上，可由摄像机观看，以确保精确定位。等离子体信号由一个光纤收集，其中用 CCD 检测器检测 190 ~ 950 nm 范围内光谱。在本实验中选择激光能量为 30 MJ，激光脉冲与 CCD 检测器之间的延迟时间为 2 μs，以最大限度地提高信背比（SBR）。

采用压片机对烘干样品进行压片，压片前用乙醇清洗模具，使用聚乙烯环令粉末样品聚拢，压制样品在 $2.94×10^5$ N 压力下维持 1 min。检查压制样品表面均匀且无裂纹、脱落现象，测量前用洗耳球吹净样品表面。在压片样本表面随机选取 25 个激光烧蚀点，以减少点到点的波动。对于每个点，使用 10 次脉冲激光进行烧蚀，收集最后 5 次累积激光脉冲产生的光谱用于 LIBS 测量。为了减少样品表面不均匀性的影响，对每个样品 25 个位点的全部光谱进行平均处理，作为一条分析光谱，且每批次样本重复上述操作 6 次。最后，共获得 828 条分析光谱（138 个样品，每批次样品有 6 条分析光谱）用于建模处理。这些处理包括使用 Pirouette 4.5（Infometrix，Inc.）软件运行 PCA 降低数据维数，使用 MATLAB 2016a（Mathworks）运行神经网络进行分类。

2.1.3　算法描述

2.1.3.1　多项式拟合

基线校正（baseline correction），目的是扣除仪器背景或漂移对信号的影响。过程分为计算试验基线和保留有效变量两个部分。首先，所有包含的变量都用于计算指定程度地试验基线。只有落在试验基线上或低于试验基线的变量才被保留为基线变量，并计算另一个试验。当这个过程重复时，基线中保留的变量就会更少。当所有包含的变量中只有 1% 留在基线中，或者基线变量的数量没有减少时，过程停止，并在保留的变量上计算实际基线。寻找每个样本的基线可根据变量构成基线和多项式的程度不同的计算方法。线性多项式、二次多项式和三次多项式的变量分别适用于一阶、二阶和三阶多项式拟合进行基线小组。n 阶多项式拟合的具体公式为：

$$p(x) = p_1 x n + p_2 x n - 1 + \cdots + p_n x + p_{n+1}$$

本试验中根据光谱数据特征，采用二阶拟合多项式进行基线校正。

2.1.3.2　S-G 滤波器

平滑（smoothing）也称为平滑滤波，是一项低频增强的空间域滤波技术，也是光谱分析中的常见处理方法。光谱平滑处理的主要目的是去除噪声，并且不改变原始信号的趋势。本试验中的平滑处理是基于 Savitzky-Golay 多项式公式进行的。Savitzky-Golay 算法是基于最小二乘原理的多项式平滑算法，也称卷积平滑。该方法将卷积应用于包含中心数据点和两侧 n 个点的自变量。对这 $2n+1$ 个点采用加权二阶多项式拟合，中心点用拟合值代替。本实验中采用的为 5 点平滑，其原理如图 3-4 所示。把光谱一段区间的等波长间隔的 5 个点记为 X 集合，多项式平滑就是利用在波长点为 X_{m-2}，X_{m-1}，X_m，X_{m+1}，X_{m+2} 的数据的多项式拟合值来取代 X_m，然后依次移动，直到把整条光谱遍历完。

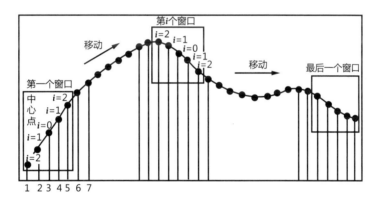

图 3-4　Savitzky-Golay 平滑原理过程示意图

2.1.3.3　多元散射校正

多元散射校正（multiplicative scatter correction，MSC）也是高光谱数据预处理常见的算法之一。MSC 可以有效地消除由于散射水平不同带来的光谱差异，从而增强光谱与数据之间的相关性。该方法通过理想光谱修正光谱数据的基线平移和偏移现象，而实际中，由于无法获取真正地理想光谱数据，因此常常需要假设所有光谱数据的平均值作为"理想光谱"。具体过程分为三步：

（1）计算平均光谱作为"理想光谱"：

$$\bar{A}_{i,\,j} = \frac{\sum_{i=1}^{n} A_{i,\,j}}{n}$$

（2）一元线性回归：

$$A_i = m_i \bar{A} + b_i$$

（3）多元散射校正：

$$A_{i(MSC)} = \frac{(A_i - b_i)}{m_i}$$

2.1.3.4　主成分分析

主成分分析（PCA）是对复杂数据建立多元线性模型的一种数据分析方法。多元线性分析 PCA 模型用正交基向量（特征向量）来构建，通常也称之为主成分。主成分拟合了数据中统计学上显著的方差和随机量测误差。主要目的就是剔除主成分中的随机误差，从而降低复杂变量的维度，并且最小化测量误差的影响。在铁矿石化学成分分析中，大量的铁线会对微量及痕量元素产生严重的干扰，而且微量元素还会掩盖痕量元素。PCA 可以解决共线问题，同时由于去掉了不太重要的主成分，因而可以削弱噪声所产生的影响。当然，由于 PCA 对数据的要求和降维处理方法的特点，决定了选取主成分时，有用信息会无可避免地丢失。

2.1.3.5　人工神经网络

人工神经网络（ANN）是一种数学建模方法，能够建立复杂输入和输出之间的非线性关系。它的模型很松散，模仿的是大脑皮层的神经元结构，但尺度要小得多。一个大型的 ANN 可能有成百上千的处理器单元，而一个自然大脑有数十亿的神经元，它们的整体交互和紧急行为都会相应增加。神经网络通常是分层组织的。层由许多相互连接的"节点"组成，这些节点包含一个"激活函数"。数据通过"输入层"传递给网络，与一个或多个"隐藏层"进行通信，其中实际的处理是通过一个加权的"连接"系统来完成的。然后隐藏层链接到一个"输出层"，进行结果的输出，如图 3-5 所示。

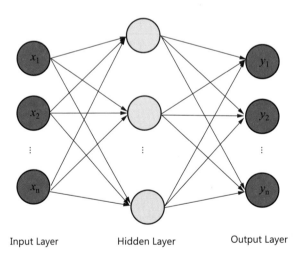

图 3-5　ANN 模型结构图

大多数 ANN 包含某种形式的"学习规则"，它根据输入模式修改连接的权重。神经网络的学习也称为训练，通过神经网络所在环境的刺激作用调整神经网络的自由参数（如连接权值），使神经网络以一种新的方式对外部环境做出反应。每个神经网络都有一个激活函数 $y=f(x)$，训练过程就是通过给定的 x 数据和 y 数据，拟合出激活函数

f。学习过程分为有监督学习和无监督学习，有监督学习是给定期望输出，通过对权值的调整使实际输出逼近期望输出；无监督学习给定表示方法质量的测量尺度，根据该尺度来优化参数。常见的有 Hebb 学习、纠错学习、基于记忆学习、随机学习、竞争学习。莫勒在 1993 年提出了一种最流行的神经网络模型训练算法比例共轭梯度算法（SCG）[50]，目的是避免费时的线性搜索。其基本思想是将 Levenberg-Marquardt 算法中使用的模型信赖域方法与共轭梯度方法相结合，具有良好的泛化能力和简单性。

本工作将 828 条 LIBS 谱随机分为 70% 训练集、15% 验证集和 15% 测试集。在训练过程中，训练集被传递给网络，并根据其误差对网络进行调整。验证集用于测量网络泛化，并在泛化停止改进时停止训练。测试集对训练没有影响，因此为训练期间和训练后的网络性能提供了一个独立的衡量标准。所使用的神经网络体系结构是一个两层前馈网络，如图 3-5 所示。具有 sigmoid 隐藏层和 softmax 输出层。它可以对输入向量进行分类，模型的分类性能由分类正确率来评估

$$分类准确率 = \frac{正确分类样品数}{全部样品数} \times 100\%$$

在本试验中，输入变量为 PCA 降准后前 25 个主成分。为了使国家和品牌分类都达到最佳的分类效果，对隐藏层的神经元个数进行了优化。对于国家分类选择了 10 个隐藏层神经元，对于品牌分类来说，它的问题更复杂需要更多的神经元来处理，因此选择了 25 个神经元来提高分类准确率。在隐藏层选择 sigmoid 转换函数，在输出层是 softmax 转换函数来提供最终的输出结果。国家分类模型的输出是澳大利亚，巴西和南非三个国家，品牌分类模型则是对应的 12 种铁矿石品牌。

2.2　结果与讨论

2.2.1　LIBS 光谱及其预处理

图 3-6 展示了来自澳大利亚、巴西和南非三个国家的其中三种铁矿石样品 LIBS 光谱。铁矿石样品全谱是十分复杂的，并且包含成千上万条来自样品中元素的发射线，不同国家的样品光谱很相似。

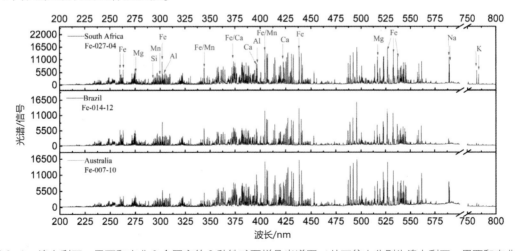

图 3-6　澳大利亚、巴西和南非 3 个国家的 3 种铁矿石样品光谱图（从下往上分别为澳大利亚，巴西和南非)

从图3-6中可以看出，在200~800 nm范围内的光谱大部分来源于铁元素的发射线，涉及259.2，263.1，392.2，438.4，527.0，532.8和537.2 nm处。同时也有许多其他的主量元素例如钙（393.4，396.8，422.7和558.9 nm），镁（279.5，517.3和518.4 nm），硅（288.2 nm），铝（309.3，394.4和396.2 nm）和锰（293.9 nm和344.2 nm）以及部分少量元素的钠（588.9 nm和589.6 nm）和钾（766.5 nm和769.9 nm）。

为了更进一步区分不同铁矿石样品的光谱差异，我们收集了12种品牌的铁矿石样品并比较了它们的LIBS光谱。图3-7是选择了几个铁和铝元素的特征峰来展示光谱的差异。例如，杨迪粉铁矿的铁元素含量为58%，因此在404.6，406.4和407.2 nm处的铁发射线强度是最低的。与之相反，在12种品牌中昆巴块为高品位铁矿，与之对应的铁发射线强度最高。

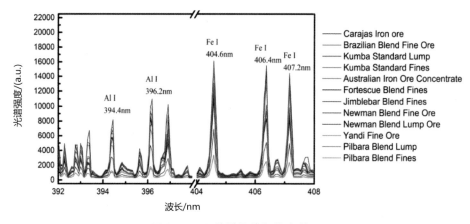

图3-7　12种样品的部分光谱图

为了更好地进行主成分分析，本工作中使用了一些数据预处理方法。首先通过二次拟合进行基线校正，用来除去光谱中的背景噪声，然后使用Savitzky-Golay多项式对光谱平滑处理。为消除LIBS光谱中散射的影响，多元散射校正被应用于光谱预处理中。图3-8为原始数据和预处理后数据的对比。从图3-8中可以看出，预处理后的光谱减少了噪声并且提高了光谱的元素发射线强度。

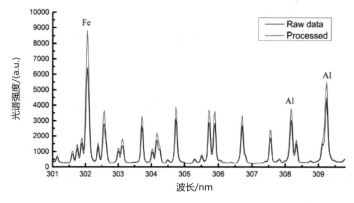

图3-8　预处理前后的光谱对比图（黑线：原始光谱；红线：预处理后光谱）

2.2.2　主成分分析

2.2.2.1　主成分得分和主成分数的优化

主成分分析（PCA）广泛应用于 LIBS 光谱中。它可以用图像直观地展示样品和变量之间的关系，同时也是一种数据降维的有效方法。在本工作中，PCA 被用来降低 LIBS 光谱的维度。图 3-9 展示了前三个主成分的 3D 投影得分图。可以看出，来自澳大利亚和南非的样品被分成两个部分，但是巴西的样品却和南非的有较大的重叠部分，也和澳大利亚有部分重叠。这是因为 PCA 是将原始光谱贡献度较大的变量进行了简单地线性组合，所以分类的效果不明显。因此，对于来自不同国家和品牌的铁矿石样品，仍需要采用更先进的算法来解决问题。

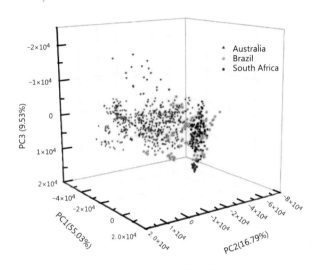

图 3-9　前三个主成分得分图

在 PCA 中，确定一个最佳的主成分数是一个重要的问题。由于大量的变量被压缩成为不同的主成分，有必要对输入模型的主成分数量进行评估。前三个主成分的贡献率分别是 55.03%，16.79% 和 9.53%，而且前 25 个主成分的累计贡献率为 99.71%。表 3-4 显示了不同主成分数下 ANN 模型的分类准确率。

表 3-4　不同主成分的累积百分比和 ANN 模型分类准确率

主成分数	累计贡献百分比/%	分类准确率/%	
		国家	品牌
5	91.78	99.00	85.02
10	97.44	100.00	96.69
15	98.76	100.00	97.27
20	99.39	100.00	97.70
25	99.71	100.00	98.79
30	99.83	100.00	98.87
35	99.93	100.00	98.92
40	99.94	100.00	98.96

随着主成分数的增加，累计贡献率也在增加，表明数据含有更多的信息。很明显地，ANN 模型的分类准确率也在增加。当主成分数为 25 时，ANN 模型对于国家和品牌的分类准确率达到了 100% 和 98.79%。再继续增加主成分数，分类准确率并没有显著地提高。因此选择前 25 个主成分作为一个合适的输入变量。

2.2.2.2 鉴别铁矿石 LIBS 光谱的指纹区域

为查找对于铁矿石国家和品牌分类最具有区分度的发射线，讨论了前两个主成分的载荷图。如图 3-10（a）所示，12 814 个灰色散点表明了原始光谱中的像素点，并且一处发射线不止一个而是一串像素点。在主成分 1 中，最重要的变量是铁线（302.1，263.1，344.1，259.9，274.9 和 275.6 nm），根据 NIST 数据库比对，这些都是铁元素的强发射线。因为铁作为基体元素，在不同铁矿样品中最显著的特征是铁元素的发射线，这也是符合常理的。在 588.9 nm 和 589.6 nm 的钠线对主成分 2 的贡献度最大。此外，还可以发现镁线（279.5，280.3，285.2，383.8，517.3 和 518.4 nm），钙线（393.4，396.8 和 422.7 nm）和铝线（396.2 nm）同时对主成分 1 和 2 都有一定的贡献。值得注意的是，来自钙和镁的贡献与铝的贡献正好相反，这与铁矿石中的酸碱度是对应的。图 3-10（b）展示了与载荷图对应的指纹光谱。例如，昆巴块中的钙和镁的含量是最高的，分别为 3.37% 和 1.80%。因此它的钙和镁线相对其他品牌的铁矿石样品是最高的，与此同时它在 396.2 nm 处的铝线相对较低，因为铝含量只有 0.44%。

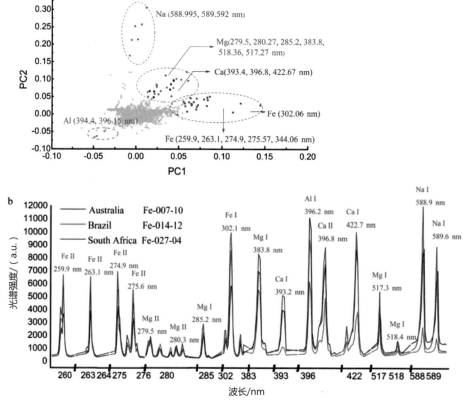

图 3-10　a）主成分 1 和 2 的载荷图；b）铁矿石指纹光谱区（黑线：澳大利亚；红线：巴西；蓝线：南非）

2.2.3　输入变量的选择及优化

ANN 是一个黑盒子，选择合适的输入变量对于建模来讲是十分重要的。选择合适的输入变量不仅可以简化模型，还可以有效地提高模型的分类准确率。本工作中比较了 5 种输入变量，用来构建一个更稳定的 ANN 模型。表 3-5 总结了 ANN 模型对这几种数据进行国家和品牌分类的 10 倍交叉验证的结果。左侧栏的输入变量如下：

a）原始数据。

b）基线校正、平滑和多元散射校正预处理后的数据。

c）来自图 3-6 b 中重要的发射线的 173 个像素点。

d）原始数据 PCA 后的前 25 个主成分。

e）预处理数据 PCA 后的前 25 个主成分。

结果表明，由于变量的数据量最小并且国家和品牌的分类准确率最高，预处理数据 PCA 后前 25 个主成分被选为最合适的输入变量。其原因是预处理过程去除了原始数据的噪声并且提高光谱的灵敏度，有利于 PCA 中线性组合。

表 3-5　不同输入变量下 ANN 模型的分类准确率

预处理数据	变量数	准确率/%	
		国家	品牌
a	12814	100.00	97.55
b	12814	100.00	97.91
c	173	100.00	97.35
d	25	100.00	98.10
e	25	100.00	98.79

2.2.4　进口铁矿石生产国识别模型

根据 PCA 降维后的特征数据构建了国家分类的 ANN 模型。输入变量是前 25 个主成分，隐藏层的神经元数被优化为 10。输出变量为澳大利亚、巴西和南非三个国家。表 3-6 展示了具体的分类结果，训练集、验证集和测试集的分类准确率均为 100%。与 PCA 的分类结果相比，ANN 模型有了明显的提高。这是由于 ANN 模型可以处理非线性的问题，这是 PCA 所达不到的。此外，本工作的 ANN 模型的训练技术为 SCG 算法，可以在数秒内完成 28 次迭代计算。

表 3-6　铁矿石样品国家分类准确率

国家	分类准确率							
	训练集		验证集		测试集		全部	
澳大利亚	100%	(373/373)	100%	(81/81)	100%	(80/80)	100%	(534/534)
巴西	100%	(113/113)	100%	(17/17)	100%	(20/20)	100%	(150/150)
南非	100%	(94/94)	100%	(26/26)	100%	(24/24)	100%	(144/144)
平均	100%	(580/580)	100%	(124/124)	100%	(124/124)	100%	(828/828)

2.2.5 进口铁矿石品牌识别模型

对于铁矿石品牌分类，输入变量仍然是前 25 个主成分，输出变量是 12 种铁矿石品牌。由于品牌分类更复杂，本工作对隐藏层的神经元数进行了优化。通过对比 10、15、20、25、30 个神经元的所构建的 ANN 模型的分类准确率，10 倍交叉验证结果分别为96.80%，97.07%，98.40%，98.79% 和 98.44%。结果表明，25 个神经元所构建的模型有最佳的分类准确。

表 3-7 展示了 ANN 对铁矿石品牌分类的具体结果。对于错分的铁矿石样品，也进行了更进一步的详细讨论。只有两个错误分类的光谱：一个是巴西混合矿粉被错误地归类为卡拉加斯铁矿，这两个品牌都是来自巴西的高品位铁矿。另一个是皮尔巴拉混合粉矿石。其被错误地归类为福蒂斯丘混合粉矿石。可以注意到，这两种矿石对应的皮尔巴拉矿床，位于西澳大利亚的皮尔巴拉地区生产超过 95% 的澳大利亚铁矿石。

为了进一步评估品牌分类模型的性能，将 138 个样本预先分为训练数据集，验证数据集和测试数据集。随机选择每个品牌的铁矿石样品作为未知样品进行一次或两次测试，确定了 21 个样品的 126 条分析光谱作为测试数据集。测试集的分类准确率为92.06%。在昆巴标准粉铁矿和块铁矿之间存在一些误判。其中 2 个昆巴标准粉铁矿石样品中的 7 条分析光谱（一共 12 条光谱）被错误分类为昆巴标准块铁矿，而 1 个昆巴标准块样品中的 1 条分析光谱（一共是 6 条光谱）被错误分类为昆巴标准粉铁矿。津布巴粉铁矿，皮尔巴拉粉铁矿和皮尔巴拉块铁矿之间仍然存在一些错误分类。具体情况为 1 个津布巴粉铁矿样品中的 4 条分析光谱和 2 个皮尔巴拉块铁矿样品中的 2 条分析光谱都被误分类为皮尔巴拉粉铁矿，这是因为皮尔巴拉粉铁矿是来自多个矿山的混合矿产品，并且一些品牌铁矿石样品的数量在这项工作中仍然是有限的。

表 3-7 铁矿石样品品牌分类准确率

品牌	分类准确率							
	训练集		验证集		测试集		全部	
皮尔巴拉粉铁矿	100%	(60/60)	100%	(15/15)	93.33%	(14/15)	98.9%	(89/90)
皮尔巴拉块铁矿	100%	(56/56)	100%	(8/8)	100%	(20/20)	100%	(84/84)
哈默斯利杨迪粉铁矿	100%	(80/80)	100%	(14/14)	100%	(20/20)	100%	(114/114)
纽曼混合块铁矿	100%	(29/29)	100%	(4/4)	100%	(9/9)	100%	(42/42)
纽曼混合粉铁矿	100%	(60/60)	100%	(7/7)	100%	(11/11)	100%	(78/78)
津布巴粉铁矿	100%	(20/20)	100%	(5/5)	100%	(5/5)	100%	(30/30)
福蒂斯丘混合粉铁矿	100%	(49/49)	100%	(13/13)	100%	(4/4)	100%	(66/66)
澳大利亚精粉铁矿	100%	(19/19)	100%	(8/8)	100%	(3/3)	100%	(30/30)
昆巴标准粉铁矿	100%	(46/46)	100%	(10/10)	100%	(4/4)	100%	(60/60)
昆巴标准块铁矿	100%	(56/56)	100%	(15/15)	100%	(13/13)	100%	(84/84)
巴西混合粉铁矿	100%	(46/46)	92.86%	(13/14)	100%	(6/6)	98.48%	(65/66)
卡拉斯加粉铁矿	100%	(59/59)	100%	(11/11)	100%	(14/14)	100%	(84/84)
平均	100%	(580/580)	99.19%	(123/124)	99.19%	(123/124)	99.76%	(826/828)

2.3 小结

为了保证铁矿石行业的贸易质量和安全，进口铁矿石的产地溯源是一项不可或缺的部分。本章建立了 LIBS 光谱分类模型，将铁矿石按生产国家和品牌分类。该模型结合 PCA 和 ANN 两种算法，根据铁矿石产品的原产国和品牌，对 LIBS 光谱数据进行分类识别。对于品牌分类模型，通过优化隐层神经元数，对训练集、验证集和测试数据集的分类准确率分别达到 100%、99.19% 和 99.19%。本节结果表明，所开发的方法可以快速、准确地对进口铁矿石原产国及品牌进行分类。

3 卷积神经网络辅助激光诱导击穿光谱识别进口铁矿石品牌

3.1 材料与方法

3.1.1 进口铁矿石样品

在中国上海、湛江等城市港口的卸货过程中，收集了 266 批次来自澳大利亚、南非、巴西三个产地的 16 类品牌铁矿石。根据 GB/T 10322.1—2014《铁矿石 取样和制样方法》相关样品制备规范，将进口铁矿样品研磨成颗粒直径约为 100 μm 的铁矿粉。在收集 LIBS 光谱之前，所有的铁矿粉都保存在干燥的环境中。表 3-8 列出了样本详细的信息。

表 3-8 铁矿石样品信息表

样品编号	品牌英文名	样品品牌	原产国	样品收集批次
1	Pilbara Blend Fines	皮尔巴拉混合粉		27
2	Pilbara Blend Lump	皮尔巴拉混合块		23
3	Yandi Fine Ore	杨迪粉铁矿		22
4	HIY Fines	哈默斯利杨迪粉		20
5	Newman Blend Fines	纽曼混合粉		15
6	Newman Blend Lump	纽曼混合块	澳大利亚	22
7	Fortescue Blend Fines	福蒂斯丘混合粉		13
8	Jimblebar Blend Fine Ore	津布巴粉铁矿		16
9	MAC Fine Ore（MACF）	麦克粉铁矿		11
10	Super Special Fines	超特粉		10
11	Iron Ore Concentrate	澳大利亚铁精粉		15
12	Kumba Standard Fines	昆巴标准粉		13
13	Kumba Standard Lump	昆巴标准块	南非	15
14	Iron Ore（Magnetite）	南非铁精粉		15
15	Carajas Iron Ore	卡拉加斯粉	巴西	12
16	Brazilian Blend Fines	巴西混合粉		17

3.1.2 仪器与光谱采集

本节研究使用的是美国 TSI 公司型号为 ChemReveal™—3764 的商业化 LIBS 设备。

配备发射波长为 1064 nm 的 Q 型开关的 Nd：YAG 激光器，其峰值能量为 200 MJ。该系统中准直光学元件的光纤据样本表面约 20 mm，CCD 检测器的光谱检测范围为 190~950 nm。光谱采集过程处于大气环境下，样品直接放置在 $X-Y-Z$ 手动微调样品台上，利用摄像系统小窗口进行微区调节与对焦，烧蚀光斑最佳直径设为 200 μm，激光脉冲与 CCD 检测器之间的延迟时间设为 2 μs，激光重复频率为 5 Hz，为了信噪比（SNR）最大化，优化后的激光器发射能量为 30 MJ。

在不添加任何黏着剂的条件下，先将聚乙烯环放于不锈钢垫片表面，将约 8 g 铁矿粉（图 3-11a）置于其中，在台式压样机（ZHY-401B 型，北京众合创业科技发展有限责任公司）$2.94×10^5$ N 的压力下保压 60 s 后退模，最终制成约 5 mm 厚的样品薄片（图 3-11b），若样品表面均匀且无裂纹、脱落现象，用塑封袋密封后置于干燥器内以备光谱采集用。测量时，用洗耳球吹净压片表面，为了减小样品异质性引起的光谱波动，在每个样本表面随机选取光谱测量位置，每个位置由 5×5 的测量点阵构成。在每个测量点，先用 5 次激光脉冲清除表面浮灰，然后累积发射 5 次激光脉冲，收集 5 条 LIBS 光谱。最后，对测量点阵上收集到的所有光谱（5×5×5）取平均，得到一条原始分析光谱。对于每批次样品，选取不同的位置，将上述操作重复 6 次，如图 3-11c 所示，分别得到 6 条原始分析光谱。此研究中，将每批次样品中每个位置的分析光谱作为一个独立的光谱样本，最终得到 1596 条（266×6）分析光谱样本用于本章实验研究。

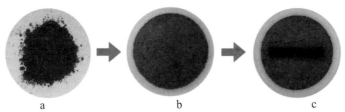

（a）粒径约为 100 μm 的铁矿粉；（b）压制成型的铁矿薄片；
（c）利用（b）中的铁矿石薄片获取 6 条分析光谱数据。

图 3-11 收集铁矿石样品光谱数据的过程

3.1.3 算法描述

3.1.3.1 小波变换

随着傅里叶分析技术的发展，小波分析拥有了更加完善的时域和频域特征，是一种有效的非平稳信号（如 LIBS 谱）的噪声抑制方法。利用小波变换（wavelet transform，WT）的稀疏性对原始光谱信号按照时域和频域特征进行分解，得到不同小波系数（细节系数+近似系数）。近似系数是高幅值信号的低频分量，代表信号的特征趋势，细节系数是低振幅信号的高频分量，代表不同水平的波动和噪声信息。因此，根据不同信号系数的特征差异，利用合适的阈值舍去一部分细节系数，再进行小波重构，就可以得到降噪后的光谱数据。小波变换包含三个重要的参数，即小波基函数，分解层数和阈值：小波函数有助于在小波域中使系数值最大化；高层小波分解具有更好的平滑性和降噪效果，但过高可能会导致光谱失真；过滤系数的阈值关系到是否能有效筛选出噪声。通常情况下，这些参数需要根据特定的需求进行选择。

3.1.3.2　t 分布随机邻域嵌入

t 分布随机邻域嵌入（t-distributed symmetric neighbor embedding，t-SNE）[51] 是一种典型的深度学习非线性降维算法。该算法可以将高维数据投影到低维空间，并根据其相似性[52] 进行可视化。相比最初的 SNE 算法，主要的改进是在低维空间中采用了 t 分布，有效的减少了 SNE 算法可能出现的拥堵和优化困难问题，既保持了局部结构，又捕捉了数据的整体特征。在大多数情况下，t-SNE 比 PCA 及其他降维算法效果更好，因为它定义了局部和全局数据结构之间的软边界。

t-SNE 主要包括两个步骤：

（1）构建一个高维对象之间的概率分布，使得相似的对象有更高的概率被选择，而不同的对象有较低的概率被选择。

（2）在低维空间中建立这些对象的概率分布，使两个概率分布尽可能相似（这里用 Kullback–Leibler 散度），以此更直观地度量观察对象间的相似性。

由于作为输入变量 LIBS 数据含有 12 814 个像素点的光谱强度值，使得 CNN 模型每层输出的特征具有更高的维数，要发现它们的相似性及有效性并不容易。本文将这些特征作为 t-SNE 的输入，根据它们的相似度进行二维可视化，以评估特征学习的可解释性。

3.1.3.3　卷积神经网络

卷积神经网络（convolutional neural network，CNN）是一种包括卷积计算和深度结构[53] 的前馈型神经网络。在其模型搭设中，卷积层、池化层、激活层（激活函数）和损失层都具有非常重要的价值[54]。

卷积层主要作用是从输入变量中提取特征，一般设有多个用于特征检测的权值矩阵，称为卷积核（filters），卷积窗口大小可自行调节。卷积核每次平移时，与相应的接受域的数据进行卷积运算并输出一张特征映射，其平移的像素点数量称为步幅[55]。每个卷积核对局部数据具有极强的敏感性，且卷积过程中权值共享，具有平移不变性。卷积完成后，由激活函数对特征映射及其偏置向量进行非线性操作，以帮助表达复杂的特征。步幅为 1 时，卷积运算原理图如图 3-12 所示，黄色块卷积核，蓝色块为输入数据，两者重叠部分称为局部感受野，绿色块为卷积后的特征映射。

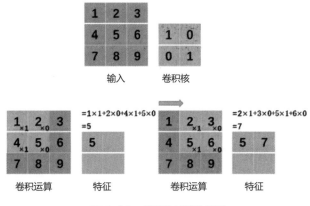

图 3-12　卷积运算原理图

池化层是对数据进行下采样，实现特征降维和参数压缩，从而减少过拟合风险，提高模型的容错性和鲁棒性。常用的池化类型有平均池化和最大值池化；平均池化是指接受域内的数据取最大值进行输出；最大池化指接受域内的数据取平均值进行输出。池化窗口和步幅同样可以自行调节，窗口和步幅过小不足以压缩数据，延长分析时间；窗口和步幅过大会丢失部分特征，降低学习精度。步幅为 2 时，平均池化和最大池化的运算原理图如图 3-13 所示，虚线框为池化窗口大小，接受域数据（左侧）与池化后数据（右侧）颜色一一对应。

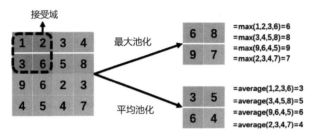

图 3-13　最大池化和平均池化运算原理图

激活层包含了非线性激活函数，激活函数主要解决了线性不可分的复杂问题，将符合某一特征的数据保留后输出映射，不符合的输出为零，从而过滤掉冗余信息。典型的激活函数有 S 型函数（Sigmoid）、双曲正切函数（tanh）、修正线性单位函数（Rectified Linear Unit，ReLU）等。其函数曲线以及优缺点如表 3-9 所示。对于不同的数据特征和应用场景，往往需要以特定需求调整激活函数类型。

表 3-9　三种典型的激活函数及其特点汇总表

激活函数名称	激活函数公式	导数表达式	图形	优缺点
S 型函数（Sigmoid）	$f(x) = \dfrac{1}{1+e^{-x}}$	$f'(x) = f(x)(1-f(x))$		优点：函数平滑，便于求导；压缩数据分布的变化幅度；适用于前向传播 缺点：容易出现梯度消失现象，当数据分布在函数的饱和区时，梯度无限接近于零；输出非零均值信号，对网络的训练梯度造成影响；幂运算的计算复杂度较高
双曲正切函数（tanh）	$f(x) = \dfrac{e^x - e^{-x}}{e^x + e^{-x}}$	$f'(x) = 1 - f(x)^2$		优点：S 型函数的改进版本 缺点：当 x 很大或者很小的时候，会导致梯度很小，权重更新缓慢，同样存在幂运算和梯度消失的问题
修正线性单元（ReLU）	$f(x) = \begin{cases} x, & \text{if } x \geq 0 \\ 0, & \text{if } x < 0 \end{cases}$	$f'(x) = \begin{cases} 1, & \text{if } x \geq 0 \\ 0, & \text{if } x < 0 \end{cases}$		优点：利用随机梯度下降算法训练网络时，收敛速度较快；计算复杂度较低；对反向传播的适应性较高 缺点：出现神经元死亡现象，一些神经元可能不会被激活，对应的参数不更新；不能压缩数据分布的变化幅度，导致数据的变化幅度随着模型层次的加深不断扩大

损失层用损失函数来评估 CNN 输出层的预测值与真实值的一致性程度[56]。对于有监督的分类任务，常用 softmax 函数[57] 对每个测试样本的预测结果进行归一化处理，使得输出变量在（0，1）范围内以概率分布的形式输出。然后利用交叉熵损失函数表示预测的概率分布与真实的概率分布之间的"距离"。交叉熵值越小，表明模型预测值越接近真实值，模型识别能力越强。其公式如下：

$$\mathrm{softmax}(y_m) = \frac{ey_m}{\sum_{m=1}^{n} ey_m}$$

$$\mathrm{Loss} = -\sum_{m=1}^{n}(y_{\mathrm{real}_m} \log(\mathrm{softmax}(y_m)))$$

$\mathrm{softmax}(y_m)$ 为每个测试样本的第 m 维输出向量，n 的取值范围是从 1 到品牌类别数 n，每个样本输出为 $1 \times n$ 维向量。y_m 表示 CNN 模型对样本 m 维输出向量的预测概率值，y_{real} 为样本真实标签值。

另外，由于训练样本较少、模型过于复杂和数据噪声等干扰，神经网络训练时常常会出现训练数据效果好而验证数据效果很差的现象（过拟合）以及训练过程中精度不更新的现象（梯度消失）。采用 Dropout 正则化可以有效改善模型难以训练的相关问题。在每次网络训练过程中使神经元按照一定的比率随机失活（保留权值向量和偏置，但不工作），原理图如图 3-14 所示[58-59]。Dropout 技术既简化了模型的结构，减少网络参数数量，又使权值向量不依赖于神经元之间的共同作用更新，提高了模型的泛化能力。

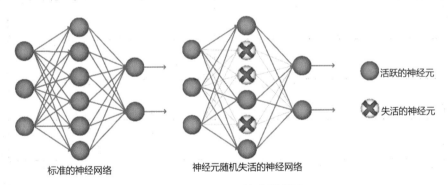

图 3-14　Dropout 技术原理图

3.2　结果与讨论

3.2.1　铁矿石原始光谱分析

铁矿石样品中富含各种化学成分，LIBS 光谱通常非常复杂，需要根据特定需求进行解析。本文收集了 187~972 nm 整个波长范围内的共 12 814 个数据点，并与国家标准与技术研究所（NIST）数据库相比，确认了光谱主要特征发射光谱线包含丰富的 Fe、Mg、Mn、Si、Al、Ca、Na、K、Ti 和其他微量元素（见表 3-10）。

表 3-10　分析了铁矿石光谱的主要元素特征发射线

铁矿石化学组分	元素特征发射线/nm
Fe	234.35、238.08、238.20、239.56、240.49、248.33、258.84、259.94、260.71、261.19、271.44、273.36、273.73、274.24、274.70、275.57、302.05、344.06、357.01、358.12、371.99、373.33、373.49、373.71、374.56、374.83、382.04、385.99、392.29、404.58、406.36、407.17、438.35
Mg	279.55、279.80、280.27、285.21、292.86、293.65、516.73
Mn	257.61、259.37、279.48、294.92、403.08、403.31、403.45
Si	251.61、251.92、252.41、252.85、288.16
Al	308.22、309.27、396.15、394.40
Ca	373.69、393.37、396.85、422.67
Na	589.00、589.59
K	766.49、769.90
Ti	498.17、519.30

　　虽然采集的样品属于不同的进口批次，但在同一品牌内质量相对稳定，所以品牌之间的差异也是稳定的。从 16 个品牌的光谱图 3-15 可以看出，由于存在复杂的铁基体，所有品牌的全波长光谱都有丰富的 Fe 发射线。在波长 200~800 nm 范围内，Fe 发射线光谱强度是最高的，其他元素的光谱峰几乎出现在同一位置，仅强度略有不同。通过对图 3-15 中 16 种铁矿石的原始光谱进行比较，光谱趋势相似，光谱差异集中在 260~320、580~590、660~680、760~770 nm 等波长范围内，但是并不显著。

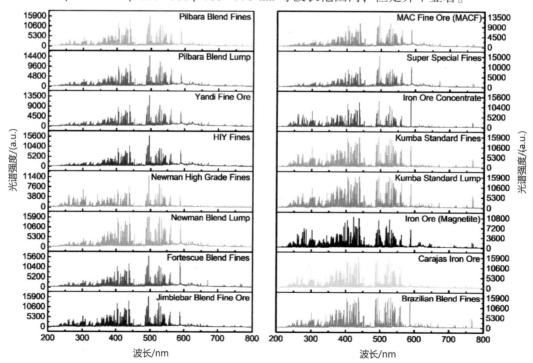

图 3-15　16 种铁矿石的 LIBS 原始分析光谱

进一步挑取 16 种品牌铁矿石的主要组成元素的特征发射峰，如图 3-16（a-h）所示。南非精粉中 Mg（图 3-16a）、Ca（图 3-16e）、Ti（图 3-16f）元素发射线强度最高。澳大利亚铁精粉中 Si 发射线强度最高（图 3-16b），Mg 发射线强度仅次于南非精粉（图 3-16a）。昆巴标准粉/块和巴西混合粉的 K（图 3-16h）发射线强度均高于其他品牌铁矿石。这些结果表明，铁矿石中元素的差异与铁矿石的品牌来源和品质密切相关。然而，仅通过比较原始光谱中的主要组成元素特征峰，很难完全识别全部样本种类。为了实现所有 16 种铁矿石的品牌分类，有必要利用其他方法探索更多的有效信息。

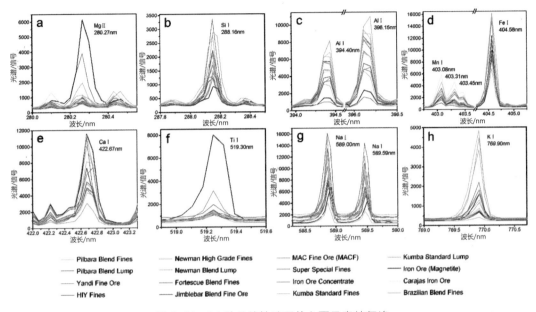

图 3-16　16 种品牌铁矿石的主要元素特征峰

3.2.2　输入变量选择与 CNN 模型构建

3.2.2.1　输入变量选择

LIBS 数据往往包含很多复杂的冗余信息，使得模型很难达到预期的效果。因此，需要适当的预处理方法消除特定的光谱干扰。由于选择基于样品主要成分的特征光谱线的特征提取手段通常是有意义并且可解释性较强，小波变换（WT）对 LIBS 光谱降噪已经被证明成果显著[60-61]，此外，先前的成熟的方法[62]（第 2 章）证明了三种预处理手段的组合（Savitzky-Golay 滤波器、多元散射校正和二次拟合）可以有效增强 LIBS 光谱信号的相对强度，且主成分分析（PCA）可以在保留数据特征的前提下，有效地减少光谱尺寸，因此，本文先选择了这几种典型的预处理方法。原始光谱样本首先按照 70%（训练集）、15%（验证集）、15%（测试集）的比率随机划分为三组，然后分别经过上述预处理操作后输入 CNN 模型，平行训练 5 次后取平均，比较其预测结果。

表 3-11 不同预处理方法下的光谱 CNN 分类结果

预处理手段	训练集正确率/%	验证集正确率/%	测试集正确率/%	平均正确率/%
原始光谱	99.46	100.00	99.58	99.68
特征发射线	99.53	99.58	98.58	99.23
降噪光谱	99.91	100.00	98.75	99.55
SMQ + PCA	98.57	97.74	98.08	98.13

注：S：Savitzky-Golay 滤波器；M：乘法散射校正；Q：二次拟合。

从表 3-11 可以看出，人工选择的特征线（表 3-10 中铁矿石各元素特征发射线周围连续 5 个数据点）有效地降低了光谱数据维数（12 814 到 320），缩短了训练时间。CNN 模型的平均分类准确率达到 99% 以上，表明所选的特征谱线具有很强的代表性。经过验证，采用 bior 1.3 小波对 LIBS 光谱进行 4 层分解后，采用固定软阈值法过滤信号，可以有效地提高信噪比，其降噪效果如图 3-17 所示。CNN 对此数据的预测准确率为 98.75%。采用之前成熟的综合预处理后，CNN 模型对训练集、验证集和测试集的分类准确率分别为 98.57%、97.74% 和 98.08%，均差于单一预处理后的预测效果。该现象证明过于复杂的预处理方法可能导致了光谱失真，且降低维度后的数据量太少，不足以让 CNN 学习光谱特征。与不同预处理后的光谱数据作为输入变量相比，使用原始分析光谱的 CNN 学习效率最高，测试集的准确率达到 99.58%。

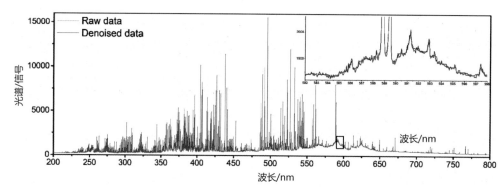

图 3-17 原始光谱（蓝色）和 WT 预处理后的光谱（红色）对比图

综上所述，CNN 模型具有强大的数据挖掘和特征学习能力，直接使用原始光谱作为其输入变量，可以有效简化实验过程，避免人为因素造成的光谱失真[63]。此外，由于人工选择的特征元素发射谱线依赖于先前经验，不能够充分反映光谱特征；WT 的参数调整过程复杂耗时；所以对于本课题，选择原始数据作为输入变量是最可行的。

3.2.2.2 CNN 模型参数优化

CNN 可以通过多层的高维特征来细化光谱数据的抽象信息，提高模型的鲁棒性。参数调整是实际应用中的关键步骤，其优化程度直接影响了模型的收敛速度和学习性能。为了使 CNN 具备更好的学习能力，对卷积层、池化层、全连接层以及其他重要的超参数进行了优化。原始光谱样本按照 70%，15% 和 15% 的比例随机划分成数据（训练集、验证集和测试集），并将平行训练 5 次后的结果取平均。CNN 模型的调整参照指标选用训练集、验证集和测试集的分类准确率，以及模型完成整个训练及预测过程的运行时间。

在 CNN 利用卷积运算提取光谱特征时，卷积核的大小和数量是至关重要的。本文在其他参数固定的情况下，验证了它们对品牌分类结果的影响。将卷积核大小分别设置为 10，30，50，70，90，并记录不同方案的预测正确率和运行时间（图 3-18a）。当卷积核大小为 50 时，训练集、验证集和测试集的准确率达到最大值（99.10%、99.58%、97.50%），三个集合平均预测正确率为 98.73%；此条件下的红色折线图显示，模型的运算时间也为最小值（59 min）。固定卷积核大小为 50，进一步研究卷积核的个数对模型预测性能的影响（图 3-18b）。卷积核的数量分别设为 5，10，15，20，25，30。当卷积数为 5 时，计算时间最短，主要是因为卷积核的数量少，使得模型的整体变量数较少，模型运行时间较快，但此条件下并不能达到理想的分类正确率。当卷积核数增加到 20 时，分类结果和运行时间最令人满意。综上所述，将卷积核的大小设为 50，数量设为 20 最适用于本研究。

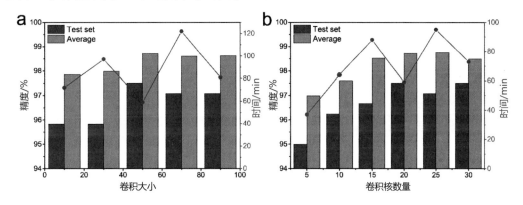

图 3-18　卷积层参数优化（a）卷积核的大小；（b）卷积核的数量

激活函数类型以及池化类型同样是影响 CNN 模型分类性能的重要因素。首先池化类型选定为平均池化，对于卷积层和全连层两层所涉及的非线性映射关系，选取三种常用函数 sigmoid、ReLU 和 tanh 进行 6 种组合优化，如图 3-19a 所示。

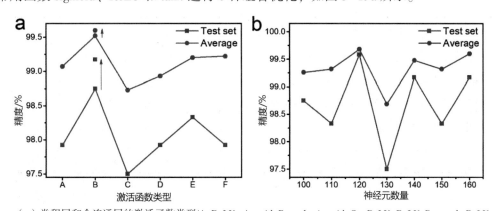

（a）卷积层和全连通层的激活函数类型(A: ReLU+sigmoid, B: tanh+sigmoid, C：ReLU+ReLU, D：tanh+ReLU, E：tanh+tanh, F：ReLU+tanh；箭头起点数值代表平均池结果，终点处代表最大池化结果)；（b）全连通层隐藏神经元数量。

图 3-19　池化、激活函数和全连接层隐藏神经元优化

当选择 tanh 和 sigmoid 函数组合时，测试集分类正确率（红线）和三个集合（训练集、验证集和测试集）的平均分类正确率（蓝线）达到最大值（图 3-19a）。另外，此激活函数组合下，池化类型为平均池化时的测试集分类准确率为 98.75%，平均准确率为 99.52%（箭头端点处）。将此时的池化类型改为最大池化后，分类准确率分别提高到 99.17% 和 99.60%（箭头端点处）。通过对比优化前后的数据，证实激活函数的选择对模型分类性能起着至关重要的作用。此外，最大池化算法可以有效地保留 LIBS 光谱的局部关键信息，减少参数数量，提高模型的泛化能力。

在全连接层，所设置的神经元数量过少会导致分类边界拟合程度较差，而数量过多会增加模型参数，存在过拟合的风险。因此，本试验对全连接层的隐藏神经元数量也进行了优化（图 3-19d）。在 100，110，120，130，140，150 和 160 范围内，CNN 模型的分类精度波动幅度较大，说明神经元数量影响了模型稳定性。当神经元数量为 120 时，测试集分类准确率和平均分类准确率都达到了最高值。因此，本试验将全连接层神经元数量设定为 120。此外，学习速率设置为 0.001；dropout 技术的失活概率设置为 0.5；由于 Adam 优化算法需要的内存少，计算效率高[64]，本文使用此优化器进行训练。

为了进一步确认 CNN 模型所有超参数在经过全面优化后的综合效果，将训练集和验证集的训练过程中，每一次计算（迭代）结束时的分类准确率和损失函数值导出，并绘制在二维图中进行迭代过程可视化。CNN 模型 3000 次迭代过程的分类准确率如图 3-20a 所示，模型以较快的速度进行收敛，在 500 次迭代时，分类准确率达到 95%；在 1500 次迭代时，分类准确率超过 99%，表明该模型具有良好的学习能力和稳定性。此外，从损失函数值看（图 3-20b），经过 500 次迭代后，损失函数值（图 3-20b）逐渐趋向于 0，意味着模型的预测值与实际值逐渐接近。虽然整个训练过程经过 3000 次迭代大约需要 1.5~2.0 h，但预测数百个光谱样本只需要 300~400 μs。试验表明，将 dropout 技术应用于 CNN 分类器可以有效防止过拟合现象；此外，超参数调整的较为合适，使得模型能够快速实现更高的分类准确率。

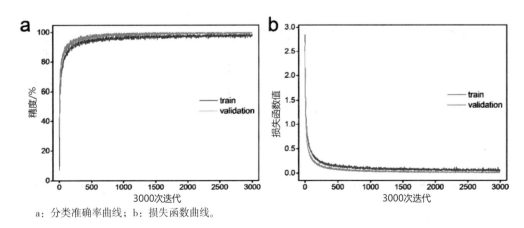

a：分类准确率曲线；b：损失函数曲线。

图 3-20 3000 次迭代过程可视化曲线

综上所述，根据铁矿石 LIBS 光谱数据的特性，本文最终设计的由单层卷积组成的卷积神经网络模型如图 3-21 所示。

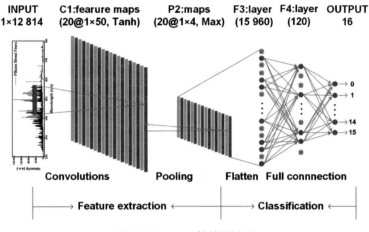

图 3-21　CNN 结构设计图

3.2.3　品牌分类应用与模型对比

将优化后的 CNN 模型用于铁矿石的品牌分类。K 折交叉验证（K-fold cross-valida-tion，K-CV）方法可以估计 CNN 的泛化能力，并消除样本之间的相关性。K 值通常选择 5 或 10 以实现平衡偏差和方差[65]，因此本文使用了五倍交叉验证（5-CV）方法。将未经光谱预处理的原始光谱样本分成 5 等份，其中 4 份（1277 条）用于模型校正，剩余 1 份（319 条）用于模型预测。此外，校正集和预测集的分类准确率和损失函数值被记录下来，直到五组数据都作为测试集进行预测时进行结果统计，如表 3-12 所示。

表 3-12　CNN 模型识别进口铁矿石品牌的 5-CV 学习结果

5-CV	校正集准确率/%	预测集准确率/%	损失函数值
1	99.92（1276/1277）	100.00（319/319）	0.0329
2	99.77（1274/1277）	100.00（319/319）	0.0351
3	99.92（1276/1277）	100.00（319/319）	0.0246
4	99.84（1275/1277）	99.69（318/319）	0.0452
5	99.84（1275/1276）	99.69（319/320）	0.0401
平均值	99.86	99.88	0.0356
标准偏差	0.06	0.17	0.0078

由表 3-12 可知，校正集分类准确率和预测分类准确率分别在 99.77% ~ 99.92% 和 99.69% ~ 100.00% 范围内，说明 CNN 模型具有较强的品牌分类能力。损失函数的平均值为 0.0356，保持在较低的水平，说明 CNN 具有较高的预测精度和清晰的分类边界。神经网络 5-CV 结果的标准偏差（standard deviation，SD）主要用于评估 CNN 模型的可重复性。校正集、预测集和损失函数的 SD 分别是 0.06、0.17 和 0.0078，证明该模型具有相对稳定的学习效果。

为了评估 CNN 与其他传统机器学习方法对品牌铁矿石的分类性能的差异，进行模型对比试验。将原始光谱样本作为输入变量输入 K-近邻（K-nearest neighbors，kNN）、支持向量机（support vector machines，SVM）、随机森林（random forest，RF）、线性判别分析（linear discriminant analysis，LDA）和反向传播人工神经网络（backpropagation artificial neural network，BPANN）[66] 等模型，其相应的 5-CV 的校准集和预测集的平均分类准确率记录在表 3-13 中。

表 3-13　不同分类模型对铁矿石品牌分类的性能

分类模型	校正集准确率/%	预测集准确率/%
kNN	91.48	90.35
RF	100.00	94.11
LDA	97.12	96.86
SVM	98.18	97.36
BPANN	99.25	97.93
CNN	99.86	99.88

在不进行光谱预处理和手工特征选择的情况下，所建立的 CNN 模型具有最高的校正集和预测集分类准确率，表现出良好的品牌分类能力。对于 16 种品牌铁矿石的预测，CNN 模型只将两个杨迪粉铁矿误判为哈默斯利杨迪粉铁矿，而其他模型则显示出大量的错分样本。详细错分情况如图 3-22 所示的混淆矩阵。分析这些大面积错分现象产生的原因，铁矿石的 LIBS 光谱维数较高（12 814 个像素点），且由于铁基体的强烈影响，其发射谱线组成复杂，因此传统的模式识别方法需要复杂的预处理和特征选择工程来提高其分类性能。在 CNN 模型中，卷积层和池化层相当于一个特征提取器，能密集的挖掘多个局部特征，而全连接层是一个优化和改进的 BPANN 分类器。因此，CNN 模型在简化试验流程的同时，能够自适应学习 LIBS 光谱的特征，以获得更好的分类结果。

综上所述，在分析原始 LIBS 数据时，本文构建的 CNN 模型与传统机器学习相比，显著提高了品牌分类识别性能，进一步证明 CNN 更适合于铁矿石的品牌分类。

3.2.4　解释卷积神经网络特征学习的有效性

深入分析逐层提取光谱特征的有效性可以促进深度学习与光谱分析的结合，但是很难透彻地解释。目前还没有报道对 CNN 提取的 LIBS 特征以及与错误分类和错误原因相关的问题进行过彻底的解释。

为了解释特征提取的有效性，首先使用 t-SNE 降低了 CNN 中每个特征层输出数据的尺寸，并直观的展示在 2D 散点图（图 3-23）中。在输入层中，代表不同品牌铁矿石原始 LIBS 数据的点集出现了大量的交叉现象（图 3-23a），这可能与铁矿石的主要化学成分密切相关。为了证明这一观点，根据 GB/T 6730.5—2007 三氯化钛还原法和 GB/T 6730.62—2005 X 射线荧光光谱法，本文分别获取了铁矿中的 Fe 元素和其他主要化学成分的定量数据，在所有品牌的铁矿石中，除 Fe 元素外，其他化学成分的含量非常相似（图 3-24）。同时从图 3-23a 中可以看出，只有南非铁精粉和澳大利亚超特粉两个品牌的点集与集群距离较远，可以明显区分出来。依据主要元素定量数据（图 3-24）可知：超特粉是所有品牌中铁品位最低的铁矿石，比较容易鉴别；南非铁精粉中 TiO_2、CaO 和 MgO 含量最高，SiO_2 最低，与其他品牌明显存在差异。然而，实现对所有品牌的分类仍然需要 CNN 进一步提取有用信息。基于 t-SNE 二维散点图和定量数据，从池化层（P2）、全连接（F4）到输出层解释 CNN 模型逐层提取光谱特征的递进性和合理性。

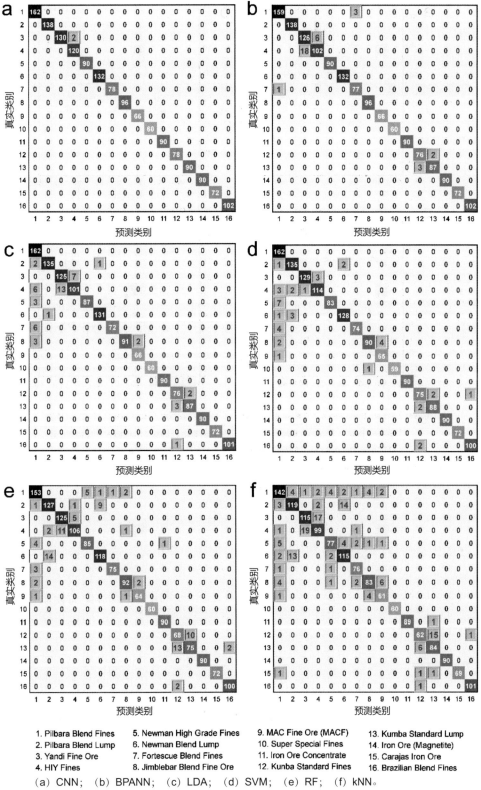

1. Pilbara Blend Fines
2. Pilbara Blend Lump
3. Yandi Fine Ore
4. HIY Fines
5. Newman High Grade Fines
6. Newman Blend Lump
7. Fortescue Blend Fines
8. Jimblebar Blend Fine Ore
9. MAC Fine Ore (MACF)
10. Super Special Fines
11. Iron Ore Concentrate
12. Kunba Standard Fines
13. Kumba Standard Lump
14. Iron Ore (Magnetite)
15. Carajas Iron Ore
16. Brazilian Blend Fines

（a）CNN；（b）BPANN；（c）LDA；（d）SVM；（e）RF；（f）kNN。

图 3-22　基于不同分类器五倍交叉验证的混淆矩阵

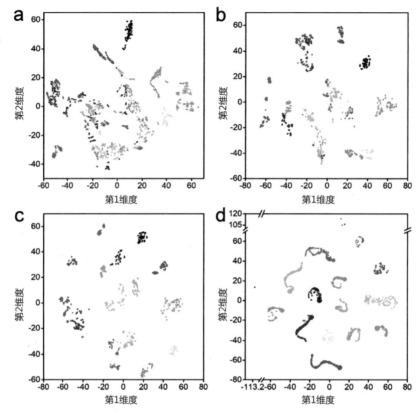

Australia: · Pilbara Blend Fines · Pilbara Blend Lump · Yandi Fine Ore · HIY Fines · Newman High
Grade Fines · Newman Blend Lump · Fortescue Blend Fines · Jimblebar Blend Fine Ore
· MAC Fine Ore (MACF) · Super Special Fines · Iron Ore Concentrate

South Africa: · Kumba Standard Fines · Kumba Standard Lump · Iron Ore (Magnetite)

Brazil: · Carajas Iron Ore · Brazilian Blend Fines

（a）输入层；（b）池化层；（c）全连接层；（d）输出层。

图 3-23　CNN 模型各层输出数据的 t-SNE 二维散点图

　　CNN 模型的卷积区域（卷积层和池化层）对原始数据进行特征提取后的 t-SNE 二维散点图如图 3-23b 所示，同一类别的点集表现出明显的聚集，交叉现象显著减少，这表明卷积区域在挖掘光谱数据更多非线性特征方面起着至关重要的作用。卷积层和池化层可以快速捕获品牌内的相似特征以及品牌间的差异特征。然而，仍然能清楚看到有四片混淆的区域，依据定量数据进行进一步分析。首先，杨迪粉和哈默斯利杨迪粉都来自西澳大利亚皮尔巴拉地区的杨迪矿，从图 3-24b 中可以看出，尽管这两个品牌的 CaO 含量略有差异，但其他成分几乎相同，光谱特征也相对接近。这与图 3-22a 中混淆矩阵错分情况保持一致，在实际应用中只有这两种类型的铁矿石出现了误判。昆巴标准粉/块在 Fe 和 CaO 的含量上只有很小的差异，两者都是南非昆巴铁矿公司的产品，其基质非常相似，因此卷积区域未能有效提取到差异性信息。其他重叠区域分别为皮尔巴拉混合粉和纽曼混合粉，皮尔巴拉混合块和纽曼混合块，这两组中的纽曼混合粉/块的 Fe、SiO_2 和 Al_2O_3 含量（图 3-24a）均略高于前者。然而，图 3-24b 中的 TiO_2、CaO 和 MgO 的含量呈现不规则分布，导致两组光谱特征复杂。因此，卷积区域这些铁矿石的识别度仍需进一步提高。

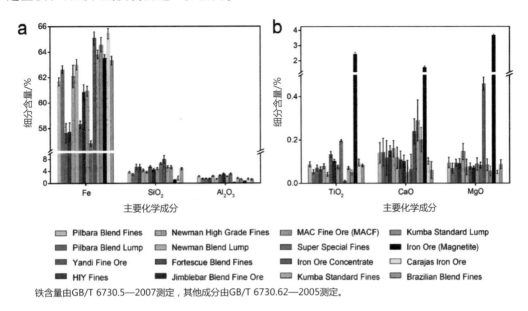

铁含量由GB/T 6730.5—2007测定，其他成分由GB/T 6730.62—2005测定。

图3-24 铁矿石主要化学成分的定量数据

随后，全连接层继续学习了所提取出的光谱特征，将特征数据与其所属的类别进行拟合，从而准确识别样本品牌。如图3-23c所示，经过全连接层的学习，除了杨迪粉和哈默斯利杨迪粉的少量交叉，相同颜色的点集几乎都聚集在一起。值得注意的是，卡拉加斯粉、皮尔巴拉混合块和巴西混合粉散点图中都有少量的离散点，这可能与样品本身的误差有关。

当CNN运行结束时，如图3-23d所示，同类别样本的散点非常收敛，聚集成一堆。特别是，南非铁精粉聚集到一点，证明深度学习很容易学习到这类样品光谱的特点。此外，如图3-24所示，澳大利亚铁精粉的Fe含量相对较高，SiO_2和MgO含量最高，Al_2O_3和TiO_2含量最低，同样属于易于区分的产品。因此，在图3-23d中，这种品牌的散点也会聚成几个点。

综上所述，将深度学习中各层提取的光谱特征信息输出进行可视化后，可以直观地观察到每层呈现越来越好的识别效果，各类铁矿石的相似性和差异性逐渐明显。此外，结合铁矿石主要化学成分的定量数据，可以充分解释深度学习在学习LIBS光谱特征中出现的误判及误判原因，对未来的应用研究具有参考价值。

3.3 小结

本章成功建立了一种CNN辅助LIBS分析进口铁矿石品牌的方案。经过五倍交叉验证，校正集和测试集的平均分类精度分别达到99.86%和99.88%，证明该方案具有优秀的铁矿石品牌鉴别能力。与机器学习相比，所设计的CNN模型具有较强的抗干扰能力和特征提取能力，有助于克服传统复杂预处理造成的光谱失真缺陷，简化分析过程，实现更高的预测精度。此外，我们首次将t-SNE与铁矿主要化学成分的定量数据结合在一起分析CNN模型逐层提取特征的有效性，提高了CNN的可解释性。总之，该方案为 CNN 辅助 LIBS 技术应用于模式识别和回归分析领域提供了可靠的技术支持。

参考文献：

［1］ FORTES F J, MOROS J, LUCENA P, et al. Analytical Chemistry, 2013, 85(2):640-669.

［2］ ZHU DA-QI, SHI HUI. Principle and applications of artificial neural networks. Beijing: Science Press, 2006, 1-24.

［3］ SHENG L, ZHANG T, NIU G, et al. Classification of iron ores by laser-induced breakdown spectroscopy (LIBS) combined with random forest (RF)［J］. Journal of Analytical Atomic Spectrometry, 2015, 30 (2):453-458.

［4］ YAN C, WANG Z, RUAN F, et al. Classification of iron ore based on acidity and alkalinity by laser induced breakdown spectroscopy coupled with N-nearest neighbours (N3)［J］. Analytical Methods, 2016, 8(32) 6216-6221.

［5］ TANG H, ZHANG T, YANG X, et al. Classification of different types of slag samples by laser-induced breakdown spectroscopy (LIBS) coupled with random forest based on variable importance (VIRF)［J］. Analytical Methods, 2015, 7(21):9171-9176.

［6］ SHENG L, ZHANG T, WANG G K, et al. Quantitative analysis of Fe content in iron ore via external calibration in conjunction with internal standardization method coupled with LIBS［J］. Chemical Research in Chinese Universities, 2014, 31(1):107-111.

［7］ DING Y, YAN F, YANG G, et al. Quantitative analysis of sinters using laser-induced breakdown spectroscopy (LIBS) coupled with kernel-based extreme learning machine (K-ELM)［J］. Analytical Methods, 2018, 10(9):1074-1079.

［8］ KENNETH J GRANT, GEORGE L P, JAMES A O′NEILI. Quantitative elemental analysis of iron ore by laser-induced breakdown spectroscopy［J］. Society for Applied Spectroscopy, 1991, 45:701-705.

［9］ SUN Q, TRAN M, SMITH B W, et al. Determination of Mn and Si in iron ore by laser-induced plasma spectroscopy［J］. Analytica Chimica Acta, 2000(1):187-195.

［10］ BARRETTE L, TURMEL S. On-line iron-ore slurry monitoring for real-time process control of pellet making processes using laser-induced breakdown spectroscopy: graphitic vs. total carbon detection［J］. Spectrochimica Acta Part B: Atomic Spectroscopy, 2001, 56(6):715-723.

［11］ GUO Y M, GUO L B, HAO Z Q, et al. Accuracy improvement of iron ore analysis using laser-induced breakdown spectroscopy with a hybrid sparse partial least squares and least-squares support vector machine model［J］. Journal of Analytical Atomic Spectrometry, 2018, 33(8):1330-1335.

［12］ DEATH D L, CUNNINGHAM A P, POLLARD L J. Multi-element analysis of iron ore pellets by laser-induced breakdown spectroscopy and principal components regression［J］. Spectrochimica Acta Part B: Atomic Spectroscopy, 2008, 63(7):763-769.

［13］ DEATH D L, CUNNINGHAM A P, POLLARD L J. Multi-element and mineralogical analysis of mineral ores using laser induced breakdown spectroscopy and chemometric analysis［J］. Spectrochimica Acta Part B: Atomic Spectroscopy, 2009, 64(10):1048-1058.

［14］ HAO Z Q, LI C M, SHEN M, et al. Acidity measurement of iron ore powders using laser-induced breakdown spectroscopy with partial least squares regression［J］. Optics Express, 2015, 23(6):7795-7801.

［15］ YANG G, HAN X, WANG C, et al. The basicity analysis of sintered ore using laser-induced breakdown spectroscopy (LIBS) combined with random forest regression (RFR)［J］. Analytical Methods, 2017, 9 (36): 5365-5370.

［16］WANG Z, YAN C, DONG J, et al. Acidity analysis of iron ore based on calibration-free laser-induced breakdown spectroscopy (CF-LIBS) combined with a binary search algorithm (BSA) [J]. RSC Advances, 2016, 6(80): 76813-76823.

［17］WANG P, LI N, YAN C, et al. Rapid quantitative analysis of the acidity of iron ore by the laser-induced breakdown spectroscopy (LIBS) technique coupled with variable importance measures-random forests (VIM-RF) [J]. Analytical Methods, 2019, 11(27): 3419-3428.

［18］PAVEL YAROSHCHYK D, DAVID L DEATH, STEVEN TEVEN J SPENCER. Quantitative measurements of loss on ignition in iron ore using laser-induced breakdown spectroscopy and partial least squares regression analysis [J]. Applied Spectroscopy, 2010, 64: 1335-1341.

［19］ALVAREZ J, VELASQUEZ M, KUMAR MYAKALWAR A, et al. Determination of copper-based mineral species by laser induced breakdown spectroscopy and chemometric methods [J]. Journal of Analytical Atomic Spectrometry, 2019, 34(12): 2459-2468.

［20］闫梦鸽, 董晓舟, 李颖, 等. 激光诱导击穿光谱的自组织特征映射结合相关判别对天然地质样品分类方法研究 [J]. 光谱学与光谱分析, 2018, 38(06): 1874-1879.

［21］YANG Y, LI C, LIU S, et al. Classification and identification of brands of iron ores using laser-induced breakdown spectroscopy combined with principal component analysis and artificial neural networks [J]. Analytical Methods, 2020, 12(10): 1316-1323.

［22］LU T, HU Y, LI Z, et al. Elemental fractionation and quantification of geological standard samples by nanosecond-laser ablation [J]. Spectrochimica Acta Part B-Atomic Spectroscopy, 2018, 143: 55-62.

［23］DING Y, YAN F, YANG G, et al. Quantitative analysis of sinters using laser-induced breakdown spectroscopy (LIBS) coupled with kernel-based extreme learning machine (K-ELM) [J]. Analytical Methods, 2018, 10(9): 1074-1079.

［24］胡杨, 李子涵, 吕涛. 激光诱导击穿光谱结合人工神经网络测定地质标样中的铁含量 [J]. 激光与光电子学进展, 2017, 54(05): 345-351.

［25］CAMPANELLA B, GRIFONI E, LEGNAIOLI S, et al. Classification of wrought aluminum alloys by Artificial Neural Networks evaluation of Laser Induced Breakdown Spectroscopy spectra from aluminum scrap samples [J]. Spectrochimica Acta Part B-Atomic Spectroscopy, 2017, 134: 52-57.

［26］KONG H, SUN L, HU J, et al. Selection of Spectral Data for Classification of Steels Using Laser-Induced Breakdown Spectroscopy [J]. Plasma Science & Technology, 2015, 17(11): 964-970.

［27］HE J, PAN C, LIU Y, et al. Quantitative Analysis of Carbon with Laser-Induced Breakdown Spectroscopy (LIBS) Using Genetic Algorithm and Back Propagation Neural Network Models [J]. Applied Spectroscopy, 2019, 73(6): 678-686.

［28］LI K, GUO L, LI J, et al. Quantitative analysis of steel samples using laser-induced breakdown spectroscopy with an artificial neural network incorporating a genetic algorithm [J]. Applied Optics, 2017, 56(4): 935-941.

［29］LI K, GUO L, LI C, et al. Analytical-performance improvement of laser-induced breakdown spectroscopy for steel using multi-spectral-line calibration with an artificial neural network [J]. Journal of Analytical Atomic Spectrometry, 2015, 30(7): 1623-1628.

［30］D'ANDREA E, PAGNOTTA S, GRIFONI E, et al. A hybrid calibration-free/artificial neural networks approach to the quantitative analysis of LIBS spectra [J]. Applied Physics B, 2015, 118(3): 353-360.

［31］OWOLABI TO, GONDAL MA. Quantitative analysis of LIBS spectra using hybrid chemometric models through fusion of extreme learning machines and support vector regression [J]. Journal of Intelligent & Fuzzy Systems, 2018, 35(6): 6277-6286.

[32]CHEN P, WANG X, LI X, et al. A Quick Classifying Method for Tracking and Erosion Resistance of HTV Silicone Rubber Material via Laser-Induced Breakdown Spectroscopy[J]. Sensors, 2019, 19 (5):1087.

[33]ROH S-B, PARK S-B, OH S-K, et al. Development of intelligent sorting system realized with the aid of laser-induced breakdown spectroscopy and hybrid preprocessing algorithm-based radial basis function neural networks for recycling black plastic wastes[J]. Journal of Material Cycles and Waste Management, 2018, 20(4):1934-1949.

[34]JUNJURI R, GUNDAWAR MK. Femtosecond laser-induced breakdown spectroscopy studies for the identification of plastics[J]. Journal of Analytical Atomic Spectrometry, 2019, 34(8):1683-1692.

[35]HU Y, LI Z, LU T. Determination of elemental concentration in geological samples using nanosecond laser-induced breakdown spectroscopy[J]. Journal of Analytical Atomic Spectrometry, 2017, 32(11):2263-2270.

[36]WEI J, DONG J, ZHANG T, et al. Quantitative analysis of the major components of coal ash using laser induced breakdown spectroscopy coupled with a wavelet neural network (WNN)[J]. Analytical Methods, 2016, 8(7):1674-1680.

[37]LU Z, MO J, YAO S, et al. Rapid Determination of the Gross Calorific Value of Coal Using Laser-Induced Breakdown Spectroscopy Coupled with Artificial Neural Networks and Genetic Algorithm[J]. Energy & Fuels, 2017, 31(4):3849-3855.

[38]李越胜, 卢伟业, 赵静波, 等. 基于BP神经网络和激光诱导击穿光谱的燃煤热值快速测量方法研究[J]. 光谱学与光谱分析, 2017, 37(08):2575-2579.

[39]YAN C, QI J, MA J, et al. Determination of carbon and sulfur content in coal by laser induced breakdown spectroscopy combined with kernel-based extreme learning machine[J]. Chemometrics and Intelligent Laboratory Systems, 2017, 167:226-231.

[40]XU X, DU C, MA F, et al. Detection of soil organic matter from laser-induced breakdown spectroscopy (LIBS) and mid-infrared spectroscopy (FTIR-ATR) coupled with multivariate techniques[J]. Geoderma, 2019, 355:113905.

[41]LU C, WANG B, JIANG X, et al. Detection of K in soil using time-resolved laser-induced breakdown spectroscopy based on convolutional neural networks[J]. Plasma Science & Technology, 2019, 21 (3):034014.

[42]康盛, 魏兆航, 杨帆, 等. LIBS结合化学计量学方法在土壤镉检测中的应用, 2019, 9(10):38-42.

[43]项丽蓉, 麻志宏, 赵欣宇, 等. 基于不同化学计量学方法的土壤重金属激光诱导击穿光谱定量分析研究[J]. 光谱学与光谱分析, 2017, 37(12):3871-3876.

[44]SUN C, TIAN Y, GAO L, et al. Machine Learning Allows Calibration Models to Predict Trace Element Concentration in Soils with Generalized LIBS Spectra[J]. Scientific Reports, 2019, 9:11363.

[45]PENG J, YE L, SHEN T, et al. Fast Determination of Copper Content in Tobacco (Nicotina tabacum L.) Leaves Using Laser-Induced Breakdown Spectroscopy with Univariate and Multivariate Analysis[J]. Transactions of the Asabe, 2018, 61(3):821-829.

[46]LIU F, SHEN T, WANG J, et al. Detection of Sclerotinia Stem Rot on Oilseed Rape (Brassica napus L.) Based on Laser-Induced Breakdown Spectroscopy[J]. Transactions of the Asabe, 2019, 62(1):123-130.

[47]LIU X, FENG X, HE Y. Rapid discrimination of the categories of the biomass pellets using laser-induced breakdown spectroscopy[J]. Renewable Energy, 2019, 143:176-182.

[48]MANZOOR S, UGENA L, TORNERO-LOPEZ J, et al. Laser induced breakdown spectroscopy for the

discrimination of Candida strains[J]. Talanta, 2016, 155:101-106.

[49]PROCHAZKA D, MAZURA M, SAMEK O, et al. Combination of laser-induced breakdown spectroscopy and Raman spectroscopy for multivariate classification of bacteria[J]. Spectrochimica Acta Part B-Atomic Spectroscopy, 2018, 139:6-12.

[50]MOLLER M F. A scaled conjugate gradient algorithm for fast supervised learning[J]. Neural Networks, 1993, 6: 525-533.

[51]L. van der Maaten, G. Hinton, Visualizing Data using t-SNE[J]. J Mach Learn Res, 2008(9):2579 -2605.

[52]GISBRECHT A, SCHULZ A, HAMMER B. Parametric nonlinear dimensionality reduction using kernel t-SNE[J]. Neurocomputing, 2015, 149:71-82.

[53]GU J, WANG Z, KUEN J, et al. Recent advances in convolutional neural networks[J]. Pattern Recogn, 2018, 77:354-377.

[54]梁桓伟. 基于Android的近红外人眼检测与跟踪研究与实现[D]. 大连:大连交通大学,2018.

[55]NG W, MINASNY B, MONTAZEROLGHAEM M, et al. Convolutional neural network for simultaneous prediction of several soil properties using visible/near-infrared, mid-infrared, and their combined spectra [J]. Geoderma, 2019, 352:251-267.

[56]WU NA et al. Discrimination of Chrysanthemum Varieties Using Hyperspectral Imaging Combined with a Deep Convolutional Neural Network. [J]. Molecules (Basel, Switzerland), 2018, 23:11.

[57]CHEN X, XIE L, HE L, et al. Fast and accurate decoding of Raman spectra-encoded suspension arrays using deep learning[J]. Analyst, 2019, 144: 4312-4319.

[58]YU WANG et al. Remote Sensing Landslide Recognition Based on Convolutional Neural Network[J]. Mathematical Problems in Engineering, 2019.

[59]WANG DI et al. Improved Deep CNN with Parameter Initialization for Data Analysis of Near-Infrared Spectroscopy Sensors[J]. Sensors, 2020, 20:3.

[60]FAN X, MING W, ZENG H, et al. Deep learning-based component identification for the Raman spectra of mixtures[J]. Analyst, 2019, 144:1789-1798.

[61]LIMBECK A, BRUNNBAUER L, LOHNINGER H, et al. Methodology and applications of elemental mapping by laser induced breakdown spectroscopy[J]. Anal. Chim. Acta, 2021, 1147:72-98.

[62]YANG Y, LI C, LIU S, et al. Classification and identification of brands of iron ores using laser-induced breakdown spectroscopy combined with principal component analysis and artificial neural networks[J]. Anal. Methods, 2020, 12:1316-1323.

[63]ZHANG X, LIN T, XU J, et al. DeepSpectra：An end-to-end deep learning approach for quantitative spectral analysis, Anal. Chim[J]. Acta, 2019, 1058:48-57.

[64]FAN X, MING W, ZENG H, et al. Deep learning-based component identification for the Raman spectra of mixtures[J]. Analyst, 2019, 144:1789-1798.

[65]ZHANG L, WU Y, ZHENG B, et al. Rapid histology of laryngeal squamous cell carcinoma with deep-learning based stimulated Raman scattering microscopy[J]. Theranostics, 2019, 9:2541-2554.

[66]LIMBECK A, BRUNNBAUER L, LOHNINGER H, et al. Galbács, Methodology and applications of elemental mapping by laser induced breakdown spectroscopy, Anal[J]. Chim. Acta, 2021, 1147:72-98.

第四章 矿相综合鉴定在进口铁矿石产地溯源中的应用

1 研究现状

众所周知，在一定的地质条件下，形成的具有固定化学成分和晶体构造的各种矿物有某些共同或不同的属性。在矿石学领域内，概括起来就是物理性质、化学性质和产出状态三大方面[1]。事实上，在这三大方面之间以及各方面内部的各种特征之间都存在依赖性、制约性，它们从不同方面反映了矿物形成的本质。据此，必须全面地利用以上三大方面的鉴定特征综合鉴定矿物，这就孕育了偏光显微镜矿相综合鉴定法这一技术，该技术从上世纪诞生以来，至今已被大量学者所接纳和运用，在高校中偏光显微镜岩矿鉴定技能已成为地质学专业学生必须要具备的技能之一[2]，在生产中还被用于钢铁工业矿石质量的综合评价、矿石冶金性能等方面[3-5]。

现阶段地质行业岩矿石的鉴定主要分为两种情况：一是野外手标本的肉眼鉴定；二是在实验室中制作岩石薄片在偏光显微镜下进行鉴定。用偏光显微镜进行矿相鉴定是岩石学研究中一种重要的技术和方法，也是微观地质学科研中最基本、最有效、最迅速的方法之一，特别在岩石形态和组构方面是其他方法不能替代的[6]。该方法可以综合利用矿石的反射率、反射色、双反射及反射多色性、均质性及非均质性、内反射、显微硬度、矿石结构、其他矿物等对矿物进行综合鉴定[7]。从二十世纪四十年代以来以化学性质为主转向以物理性质为主，上世纪六十年代突出反射率和硬度值的主导作用，七十年代以物理性质为主并综合考虑产出状态以及突出化学成分数据及反射率等，都启示应该全面综合利用物理性质、化学成分和产出状态三方面的鉴定特征深入研究不透明金属矿物。苏联矿相学家曾于1980年拟定了一个在电子计算机上自动鉴定金属矿物的方案。他们选定鉴定信息量很高的鉴定特征（R、Hv）、较确切的定性鉴定特征和矿物的主要化学成分等三大组鉴定特征，将未知待定矿物的这些特征用电子计算机检索与已知矿物对比而快速鉴定金属矿物。

正如前文已指出的，矿物综合鉴定主要是利用未知矿物的鉴定特征同已知矿物鉴定特征进行对比以确定矿物的名称。但不透明和半透明矿物已发现有近千种之多，若无一定的顺序，查起来就十分困难，因此，依照一定的规律编出鉴定表来解决这个问题[8]。把矿物的各项性质按一定规律编排成表，即为矿物鉴定表。矿物鉴定表的类型多种多样，在鉴定特征的重点选择上和编排方式上都有不同。关于鉴定的重点：有的以化学试剂浸蚀鉴定的资料为主；有的以抗磨硬度为主；有的以反射率为主；有的以均质、非均质性和反射色为主；有的则将各种物理性质平列对待；有的以最确定的物理性质鉴定特征反射率和硬度为主。此外，也有单纯依靠物理性质来鉴定矿物的鉴定表。

由于科学迅速发展和技术长足进步，矿物鉴定特征研究正向着"微粒、微区、快速、定量、自动化、电子计算机化"方向发展，广泛利用各种先进测试手段和计算机技术研究矿物以提高鉴定精度乃是不容忽视的发展趋势[9-11]。偏光显微镜综合鉴定快速、简便的特点使其成为铁矿石溯源分析的首要应用方法，该方法可以综合鉴定矿石的反射率、反射色、双反射及反射多色性、均质性及非均质性、内反射、显微硬度、矿石结构、其他矿物等，不同矿石的鉴定特征各不相同，将获得的未知矿石的鉴定特征与已有数据库进行比对，据此推断出不同地区的铁矿石种类及其类型差异。

早在 1982 年 Tönroos 等[12] 提出芬兰产硫锰矿在含铁很少（0.7%）时 R589 为 21.9%，内反射色为绿色；而硫锰矿在含铁 4.0～7.0%时 R589 为 23.7%，内反射色为褐色或红色。硫锰矿含 1%FeS 时维氏硬度值 Hv 为 167 kg/mm^2，FeS 占 8.5%时 Hv 为 174 kg/mm^2。1982 年 IvorRoberts 等[13] 提出澳大利亚 Kangiara 产于志留纪酸性火山岩中的多金属矿床内黄铁矿的"树枝状结构"，是由黄铁矿在内生条件下沿正在固结或已经部分固结的矿石的细微裂隙形成（Roberts，1982）。闵红（2021）等[14] 利用偏光显微镜对来自澳大利亚、巴西、厄立特里亚、印度尼西亚、美国、墨西哥、智利和秘鲁 8 个国家 12 个矿区的进口含黄铁矿的矿石样品进行了分析，观察它们的不透明矿物单体及连生体组合。刘海（2019）等[15] 对中国西北部地区地质矿物在偏光显微镜下的综合特征进行了分析，总结了具有代表性的青海及新疆样品的鉴定特征。偏光显微镜镜下矿石观察及百分含量估算仅仅依靠肉眼，其结果不具有说服力，如何实现准确判断矿物种类、精确测定百分含量、提高岩石薄片鉴定工作的效率和精度成了现在国内外技术人员最热衷的技术需求。王琴（2019）等[6] 提出利用智能图像采集软件鉴别矿物种类，运用地理信息系统软件 ArcGIS、MapGIS 提取三个色度图层（红、绿、蓝），通过人工指定标准矿物在 RGB 空间中的位置，将每个像素都划分为某种矿物类别，统计分析可以获得某种类型矿物在岩石中的百分含量，进一步处理使数据成图输出并以岩石辅助定名。

大量的科研成果证实，随着偏光显微镜综合鉴定法的发展，对矿石溯源分析的手段会越来越多样，精度越来越高，从肉眼观察向计算机化、智能化发展的趋势明显上升。对比鉴定矿物时所根据的鉴定特征越广泛，数据越精确，则其鉴定结果越可靠。纵观上述发展现状与趋势，针对现今存在的问题，可以设想：

（1）现今除了显微硬度、反射率、反射色等实现定量化，其他鉴定特征如偏光色、非均质性、内反射、磁性等并未实现定量化[16-17]。将处于定性层面的鉴定特征如偏光色、非均质性、内反射、磁性等实现定量化再制定定性分类标准，对矿相的鉴定更具有说服力。

（2）偏光显微镜矿相综合鉴定的光谱数据停留在可见光层面，缺失了紫外、红外波段的光谱数据。将光谱数据从可见光波段扩展到紫外、红外波段能大大增加不同波段的鉴定特征数据，丰富矿物对比数据库，提高鉴定对比的容错率，使鉴别结果更准确。

（3）近年来许多学者尝试利用智能图像采集技术对矿物百分比进行定量分析，可见未来矿相鉴定仪器从金属矿物光片进入系统到自动化测量和计算出全部有关定量数据信息输出系统都做到联动化、计算机化，甚至与矿物数据库的比对也实现了人工智能检索定名[18-21]。

相信在众多科研学者的共同努力下，不远的将来，偏光显微镜矿相综合鉴定必定会成长为一项更加智能、精准、高效的应用技术，更好地服务于科研、服务于生产，当然无形之中对铁矿石产地溯源技术也必然带来意想不到的补充。

2 铁矿石偏光显微镜矿相综合鉴定法

在偏光显微镜下，对铁矿样品的未知矿物各项鉴定特征进行系统观测，然后与已知矿物的标准鉴定资料进行对比以确定矿物名称的方法称为铁矿石的矿相综合鉴定。综合鉴定使用的方法，其实质是对比法，即利用偏光显微镜获取未知矿物的各项鉴定特征与已知矿物的鉴定特征进行对比，从而达到鉴定矿物的目的。

因此，在铁矿石的矿相综合鉴定中，获取铁矿石内各项矿物鉴定特征至关重要。一般而言获取的矿相特征主要包含两类，一类是金属矿物特征，另一类是非金属矿物特征。但是，要想圆满完成铁矿石的矿相综合鉴定工作，前提是要合理的处理矿石样品（图4-1A），研磨出高品质的岩石薄片（图4-1B），完成矿相鉴定工作。综合前人研究以及试验实践操作所得，认为现阶段基于显微镜矿相综合鉴定法开展铁矿石产地溯源，主要包含以下主要步骤：（1）制作矿物薄片和探针片；（2）在偏光显微镜反射光下进行金属矿物鉴定（图4-1D）；（3）在偏光显微镜透射光下进行非金属矿物鉴定；（4）进行矿相鉴定数据分析，提取不同产地铁矿石差异性指标，实现铁矿石产地溯源。

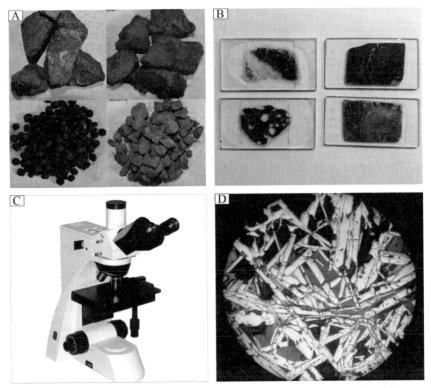

A.原铁矿石；B.铁矿薄片及探针片；C.偏光显微镜；D.矿物在偏光显微镜下显微特征图。

图 4-1 铁矿石矿相综合鉴定部分过程图

2.1 制作矿物薄片

岩石薄片的制作是一个漫长的过程，从选矿、切样、洗样、研磨，每一层工序都需要精细的制作工艺，而岩石薄片的制片效果又直接影响矿物鉴定的精确度和准确性，因此，制作好一块完美的岩石薄片是一项极其考验实验者的水平和耐心的工作。用于矿相鉴定的岩石薄片一般主要包含两类：用于金属矿物鉴定工作的探针片和用于非金属矿物鉴定的薄片（图 4-2）。探针片规格一般为 2cm×3cm，研磨后厚度一般为0.5cm，载玻片规格一般为 3 cm×5 cm×0.2 cm。薄片规格一般 2.4 cm×2.4 cm，研磨后薄片厚度一般为 0.03 mm，载玻片规格一般为 3 cm×5 cm×0.2 cm。

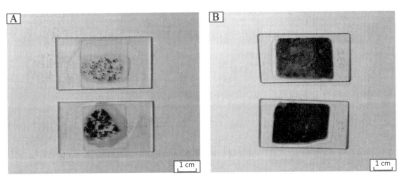

图 4-2 岩石薄片图

2.2 金属矿物鉴定

金属矿物矿相特征的获取，主要包含矿物的反射率、反射色、双反射及反射多色性、均质性及非均质性、内反射、显微硬度、矿石构造、矿石结构等。

（1）自然光下，主要观察铁矿石金属矿物的反射率、反射色、矿物结构、显微硬度。

①反射率。把矿物磨光面对垂直入射光的反射能力称为反射力，表征反射力大小的数值即为反射率，即反射率是指铁矿物磨光面在反光显微镜垂直入射光照下，反射光强与入射光强的百分比率，根据反射率大小可将反射率分为五级（表4-1）。将光照调为自然光，观察矿物的亮度。观察矿物的反射率时，只比较亮度，不比颜色，若两种铁矿物反射色差别较大，可使用绿色滤色片，以减少反射色的干扰（图4-3）。

$$R = \frac{I_r}{I_i} \times 100\%，其中，I_r—反射光强，I_i—入射光强$$

表4-1 矿物反射率分级表

级别	R 值
Ⅰ	R>黄铁矿
Ⅱ	黄铁矿>R>方铅矿
Ⅲ	方铅矿>R>黝铜矿
Ⅳ	黝铜矿>R>闪锌矿
Ⅴ	R<闪锌矿

注：黄铁矿 R=53%、方铅矿 R=43%、黝铜矿 R=31%、闪锌矿 R=17%。

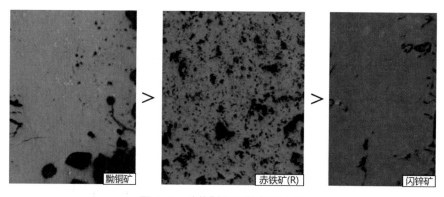

图4-3 矿物Ⅳ级反射率对比图

②反射色即矿物磨光面在反光显微镜垂直入射光照射下所显示的颜色。由于其为表面反射产生的颜色，故又称表色（图4-4）。

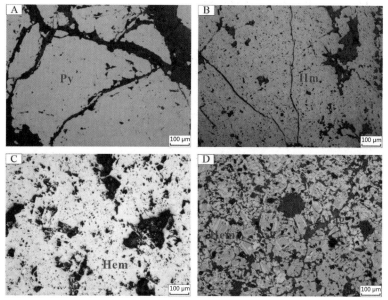

A.黄铁矿浅黄白色；B.钛铁矿灰色带浅棕色；C.赤铁矿浅灰白色微带蓝色；
D.磁铁矿灰色微带浅棕色。

图4-4 矿物反射色图

③显微硬度。运用铜针和钢针刻划铁矿物表面，以检验矿物抵抗外来机械作用的能力称为矿物的硬度（表4-2）。

表4-2 矿物显微硬度对照表

硬度分级	刻划特征
高硬度	钢针刻不动（摩氏硬度>5.5）
中硬度	钢针刻得动，铜针刻不动（3<摩氏硬度<5.5））
低硬度	铜针刻得动（摩氏硬度<3）

④矿物结构即矿石中矿物颗粒的特点，包括矿物颗粒的形态、大小及空间相互的结合关系（图4-5），也包括矿物颗粒与集合体的结合关系，同时还包括发育在矿物颗粒内部的结构特征，主要指双晶、解理、环带等。

（2）单偏光下，观察铁矿石矿物的双反射、反射多色性。

①双反射即旋转载物台一周，铁矿石矿物的亮度随结晶方位的改变而变化的性质。

②反射多色性即旋转载物台一周，铁矿石矿物的颜色随结晶方位的改变而变化的性质（图4-6）。

旋转载物台一周，随结晶方位的改变，矿物的颜色及亮度均无变化，证明该矿物未见双反射及反射多色性。

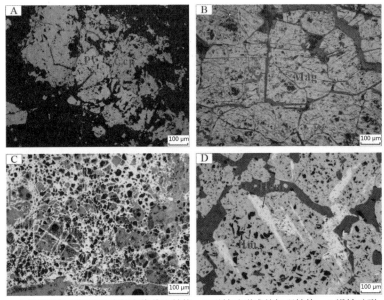

A.黄铁矿与黄铜矿形成的交代共生结构；B.磁铁矿形成的解理结构；C.褐铁矿形成的网状结构；D.赤铁矿与钛铁矿形成的交代穿插结构，赤铁矿穿插钛铁矿。

图 4-5　矿物结构图

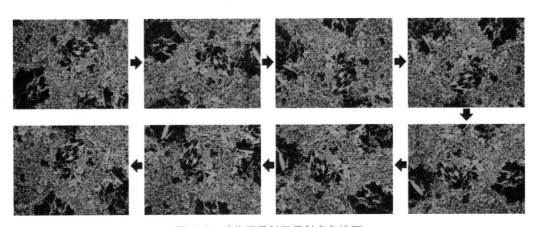

图 4-6　矿物双反射及反射多色性图

（3）正交偏光下，观察金属矿物的均质性及非均质性。

旋转载物台一周，观察矿物的亮度和颜色随结晶方位的改变而变化的性质（图 4-7）。

旋转载物台一周，矿物的亮度和颜色随结晶方位的改变而变化，证明该矿物为非均质性矿物。

（4）斜照光下，观察铁矿石矿物内反射。

矿物内反射。矿物内部反射出来的光因具有选择性反射的特点而显示的颜色，这种颜色就是矿物的内反射色（图 4-8）。

图 4-7　矿物均质性及非均质性图

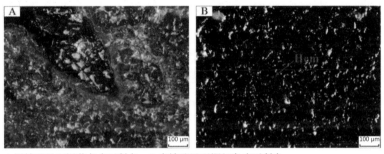

A.褐铁矿呈现褐黄色内反射色；B.赤铁矿呈现深红色内反射色。

图 4-8　矿物内反射图

2.3　非金属矿物鉴定

非金属矿物大都以透明矿物为主，因此，对于非金属矿物的鉴定一般选择偏光显微镜的透射光展开工作。铁矿石中非金属矿物的鉴别，主要是获取铁矿石中透明矿物的矿物种类、矿物组合等。透明矿物的鉴别，主要依赖矿物在显微镜单偏光、正交偏光以及锥光下观察到的矿相特征，综合鉴别铁矿石中所含有的非透明矿物（图 4-9）。

（1）单偏光下观察矿物的突起、矿物的晶形、解理和裂理、矿物的颜色、多色性和吸收性。

①矿物的突起在薄片中无法直接测出每个矿物的折射率值，只能借助于直观的视觉初步鉴定矿物的突起。矿物的突起决定于矿物本身的折射率和树胶折射率之差（加拿大树胶折射率为 1.54）。长期以来国内外有关书籍中引用的突起等级，均以 $N_{树胶}$ = 1.54 进行划分（表 4-3）。

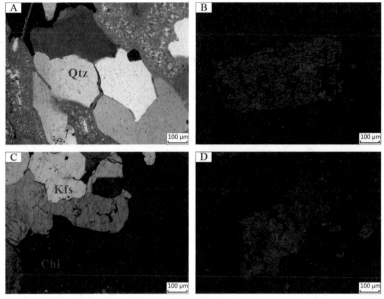

A.石英；B.辉石；C.长石、绿泥石；D.透闪石。

图 4-9　正交偏光下透明矿物图

表 4-3　透明矿物突起对照表

突起等级（$N_{树胶}$=1.54）	折射率范围	主要代表矿物
负高或负中	<1.48	蛋白石、萤石
负低	1.48-1.54	钾长石、白榴石、沸石、钠长石
正低	1.54-1.60	石英、中 基性斜长石
正中	1.60-1.66	透闪石、电气石、磷灰石
正高	1.66-1.78	辉石、橄榄石、十字石
正极高	>1.78	榍石、锆石

②矿物的晶形薄片中所见到的矿物形态并不是其完整的晶形，而是矿物某一切面的轮廓；因此要想判断某矿物的晶形，必须观察该矿物的各个切面，综合考虑。

③从矿物的解理和裂理在薄片中可以看到，矿物的解理表现为沿一定结晶方向平行排列的细缝线，即解理缝。沿双晶面破裂或沿细微包裹体分布的缝线，一般不如解理缝线平直，多数表现弯曲，定向性不明显，为裂理。

④矿物的颜色，主要是白光（七色光组成）透过晶体后呈现的颜色。它是未被晶体吸收的部分色光的混合色。如果各色光被矿物等量吸收，透过矿物后仍为白光则该矿物不显示颜色，称无色矿物。

⑤矿物的多色性和吸收性即旋转载物台，观察到的非均质体矿物的多色性即颜色有变化以及观察非均质体矿物的颜色深浅变化即吸收性。

（2）正交偏光下观察矿物的消光类型和消光角、干涉色及双折射率。

①消光类型是指矿片处在消光位时，其矿物的解理缝或晶体轮廓等与显微镜的目镜十字丝的相互关系。当矿片处于消光位时，若解理或晶体轮廓与十字丝之一平行，

称为平行消光；若两组解理或晶体轮廓平分十字丝，称为对称消光；若解理或晶体轮廓与十字丝之一斜交称为斜消光（图4-10）。

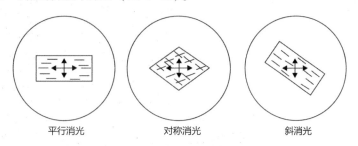

平行消光　　　　对称消光　　　　斜消光

图4-10　透明矿物消光类型对比图

②消光角。旋转载物台，当矿片处于消光位时，目镜十字丝与结晶方向（晶轴、解理纹、晶面纹等）之间的夹角，即切面光率体椭圆半径方向与结晶方向之间的夹角，记为消光角。

③干涉色。非均质体、非垂直光轴或光轴面的切片，在正交偏光间，当白光不同波长的七色光通过晶体时，由白光干涉而成，这种干涉结果是光程差起主导作用，即一定的光程差对应一种干涉色。而光程差又与薄片厚度、双折射率有关（图4-11），其公式为：

$$R = \triangle N \times d$$

式中：R—光程差；d—薄片厚度（标准为0.03 mm）；（N_1-N_2）—双折射率；图4-11反映了它们间的这种关系，图中横坐标为光程差R及对应的干涉色，纵坐标为薄片厚度d，斜线则为双折射率$\triangle N = (N_1-N_2)$。

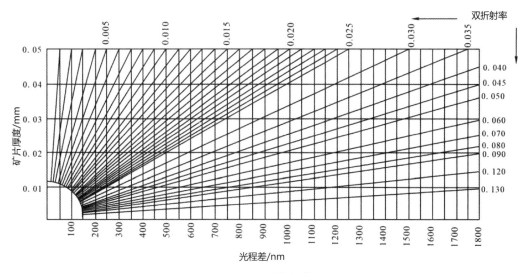

图4-11　干涉色谱图

④在薄片中，矿物不同，干涉色也不同，即使同种矿物，由于切片方向不同，其双折射率不同，干涉色也不同（表4-4）。

表 4-4　透明矿物双折率对比表

干涉色级	干涉色	双折射率范围	干涉色	代表矿物
一级	顶部	0.002~0.009	灰、灰白、黄白	石英、磷灰石、长石
	底部	0.010~0.019	亮黄、橙、紫红	紫苏辉石、蓝晶石、重晶石
二级	顶部	0.020~0.029	蓝、绿、黄绿	矽线石、普通辉石、透闪石
	底部	0.030~0.037	黄、橙、紫红	透辉石、粒硅镁石、橄榄石
三级	顶部	0.038~0.045	绿蓝、蓝绿、绿	橄榄石、白云母、滑石
	底部	0.046~0.055	绿黄、猩红、粉红	锆石、黑云母、白云母
四级	顶部	0.056~0.065	紫灰、灰蓝、淡绿	独居石、锐钛矿
	底部	>0.066	高级白	碳酸盐矿物、榍石、锡石

（3）矿物薄片鉴定中，一般不需使用锥光系统即可确定矿物，若必须确定矿物的轴性、光性或光轴角（2V），可选用适当切面在锥光下鉴定。

3　偏光显微镜矿相综合鉴定在铁矿石产地溯源中的应用实例

基于矿相鉴定的进口铁矿石产地溯源，主要根据铁矿石的金属矿物鉴定、非金属矿物鉴定，对比矿物的反射色及反射率、双反射及反射多色性、均质性及非均质性、内反射、显微硬度、矿物结构、其他透明矿物、其他次要金属矿物等指标，实现提取铁矿石的矿物差异，从而对比来自不同国家的铁矿石，建立各个国家铁矿石矿物特征数据库，实现铁矿石产地溯源（图 4-12）。

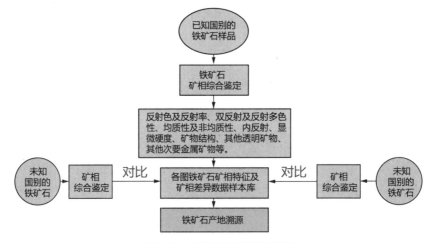

图 4-12　矿相产地溯源流程图

3.1　铁矿石数据样本

铁矿石原矿样品包含澳大利亚、巴西、缅甸、越南、老挝、哈萨克斯坦、肯尼亚、马来西亚、南非、智利、伊朗 11 个国家的共计 38 个不同矿种（表 4-5），主要由中国地质大学（武汉）资源学院矿石学实验室进行试验，试验得到 38 个铁矿石样品基本矿相数据信息。

表 4-5　试验样品表

原编号	备注	原产国	原编号	备注	原产国	原编号	备注	原产国
Fe-004-1	块状	澳大利亚	Fe-034-1	粒状	巴西	Fe-056-1	块状	马来西亚
Fe-005-1	块状	澳大利亚	Fe-017-1	块状	哈萨克斯坦	Fe-030-1	颗粒	缅甸
Fe-006-1	块状	澳大利亚	Fe-020-1	块状	哈萨克斯坦	Fe-031-1	块状	缅甸
Fe-007-1	块状	澳大利亚	Fe-021-1	颗粒	哈萨克斯坦	Fe-032-1	块状	缅甸
Fe-008-1	块状	澳大利亚	Fe-022-1	颗粒	哈萨克斯坦	Fe-011-1	粉末	南非
Fe-009-1	块状	澳大利亚	Fe-075-1	粒状	哈萨克斯坦	Fe-027-1	颗粒	南非
Fe-010-1	块状	澳大利亚	Fe-076-1	粒状	哈萨克斯坦	Fe-049-1	粒状	南非
Fe-013-1	块状	澳大利亚	Fe-077-1	粒状	哈萨克斯坦	Fe-050-1	粒状	南非
Fe-029-1	粉末	澳大利亚	Fe-035-1	块状	肯尼亚	Fe-039-1	块状	伊朗
Fe-028-1	颗粒	澳大利亚	Fe-037-1	块状	老挝	Fe-042-1	块状	越南
Fe-002-1	块状	巴西	Fe-064-1	块状	老挝	Fe-044-1	块状	越南
Fe-014-1	块状	巴西	Fe-055-1	块状	马来西亚	Fe-045-1	块状	越南
Fe-025-1	粉末	智利	Fe-054-1	块状	智利			

3.2　各国铁矿石矿相特征

（1）澳大利亚

澳大利亚铁矿石，矿物种类主要为赤铁矿和褐铁矿，发育网状结构、斑点状结构及条带状结构、交代结构、斑块状结构等（图4-13A、4-13C、4-13D、4-13F），且每个赤铁矿中都含有褐铁矿（图4-14），纯褐铁矿样品则发育胶状结构（图4-13B、4-13E）。此外，通过显微镜下观察发现赤铁矿中有许多磁铁矿的残晶，赤铁矿与磁铁矿相互交代，赤铁矿周围还有大量褐铁矿（图4-15）。前人认为来自哈默斯利铁矿区的铁矿以条带状硅铁建造（BIF）为主，且矿石并非原生赤铁矿，而是由磁铁矿氧化而来，这与Fe-008-1号铁矿石镜下特征一致（图4-15），进一步与铁矿石样品的产地相印证。

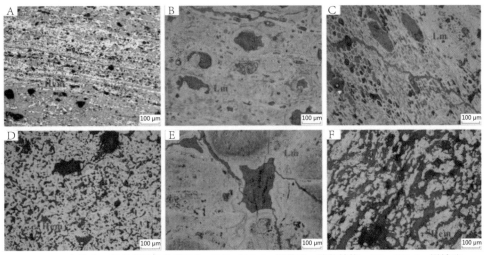

A.Fe-004-1，赤铁矿，斑点状及条带状结构；B.Fe-006-1，褐铁矿，胶状结构；C.Fe-006-1，褐铁矿，网状结构；D.Fe-008-1，赤铁矿，网状结构；E.Fe-009-1，褐铁矿，胶状结构；F.Fe-010-1，赤铁矿，斑块状结构。

图 4-13　澳大利亚铁矿矿物结构图

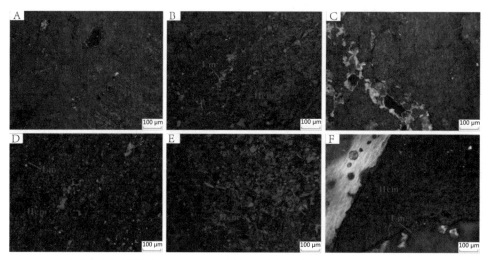

A.Fe-004-1,赤铁矿中含有褐铁矿；B.Fe-005-1,赤铁矿中含有褐铁矿；C Fe-007-1,赤铁矿中含有褐铁矿；
D.Fe-010-1,赤铁矿中含有褐铁矿；E.Fe-028-1,赤铁矿中含有褐铁矿；F.Fe-029-1,赤铁矿中含有褐铁矿。

图 4-14 澳大利亚赤铁矿矿物特征图

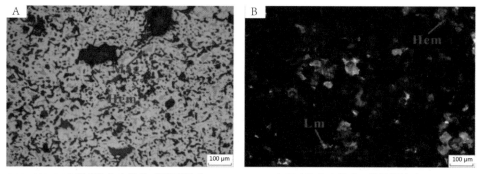

A.Fe-008-1,主要矿物为赤铁矿，微量磁铁矿；B.Fe-008-1,主要矿物为赤铁矿，微量褐铁矿。

图 4-15 澳大利亚赤铁矿矿物特征图

（2）巴西

巴西铁矿石与澳大利亚铁矿石的矿床类型同为条带状硅铁建造（BIF），但矿石存在明显不同，巴西铁矿石全部为赤铁矿，同时与澳大利亚赤铁矿最大的区别是赤铁矿中不含褐铁矿；在矿石结构方面，主要为解理结构、网状结构、多边形结构等。矿物中除了赤铁矿外，还含有少量磁铁矿和透明矿物石英（图 4-16）。

（3）缅甸

缅甸铁矿石成分要复杂很多，含有磁铁矿、钛铁矿、黄铁矿等矿物，与澳大利亚、巴西铁矿石在成分上具有显著的差异；矿物结构多，具有交代共生结构、网状结构、板状结构、解理结构、自形晶结构等；其他矿物种类多，包括辉石、透闪石、长石、方解石、绿泥石、赤铁矿、黄铜矿等（图 4-17）。

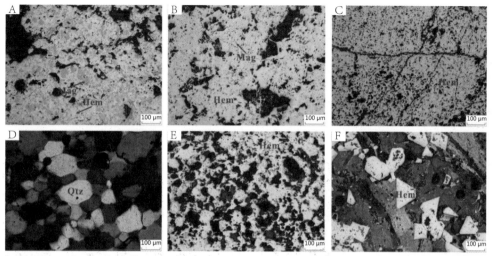

A.Fe-002-1，赤铁矿中含有磁铁矿残晶；B.Fe-014-1，赤铁矿中含有磁铁矿残晶；C.Fe-002-1，赤铁矿，解理结构；D.Fe-002-1，赤铁矿中含有石英；E.Fe-014-1，赤铁矿，网状结构；F.Fe-014-1，赤铁矿，多边形结构、自形晶结构。

图4-16 巴西铁矿石矿物特征图

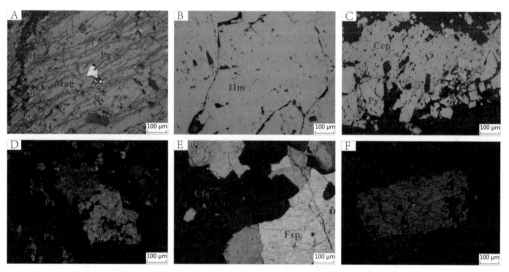

A.Fe-030-1，磁铁矿、磁铁矿、黄铁矿形成的交代结构；B.Fe-031-1，钛铁矿形成的解理结构；
C.Fe-032-1，黄铁矿与黄铜矿形成的交代共生结构；D.Fe-031-1，钛铁矿中含有透闪石；
E.Fe-032-1，黄铁矿中含有长石和绿泥石；F.Fe-031-1，钛铁矿中含有辉石。

图4-17 缅甸铁矿石矿物特征图

（4）哈萨克斯坦

哈萨克斯坦铁矿石样品中，铁矿石矿物类型主要为赤铁矿和钛铁矿，主要矿物结构为网状结构、解理结构、斑块状结构、交代结构等，赤铁矿中含有褐铁矿，且含有少量透明矿物绢云母，此特征也是哈萨克斯坦铁矿石的重要标志性特点（图4-18）。

（5）越南

越南铁矿石样品中，铁矿石矿物类型主要包含褐铁矿、赤铁矿；且无论是赤铁矿还是褐铁矿，矿物结构均主要以网状结构为主（图4-19）；褐铁矿中矿物含量低，明显少于澳大利亚褐铁矿矿物含量（图4-20）；透明矿物少，只有微量云母。

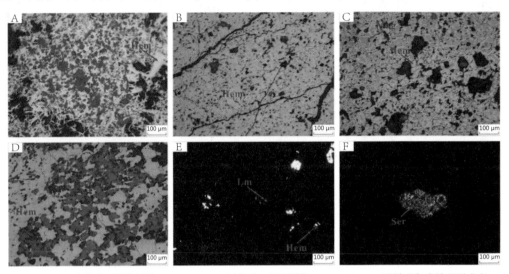

A.Fe-017-1，赤铁矿，网状结构；B.Fe-021-1，钛铁矿，解理结构；C.Fe-020-1，磁铁矿与赤铁矿形成交代结构；D.Fe-022-1，钛铁矿，斑点状结构、网状结构；E.Fe-017-1，赤铁矿中含有褐铁矿；F.Fe-020-1，赤铁矿中含有绢云母。

图4-18　哈萨克斯坦铁矿石矿物特征图

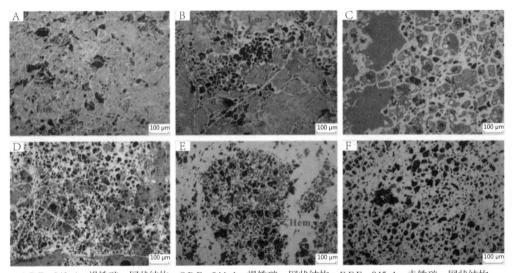

A B.Fe-042-1，褐铁矿，网状结构；C D.Fe-044-1，褐铁矿，网状结构；E F.Fe-045-1，赤铁矿，网状结构。

图4-19　越南铁矿矿物结构特征图

（6）南非

南非铁矿石样品中，主要矿物为赤铁矿，赤铁矿中含有黄铁矿，其中粉状矿物为赤铁矿与褐铁矿混合，赤铁矿表面覆盖一层薄层褐铁矿；矿物晶体细小，主要为文象结构、颗粒结构、解理结构（图4-21）。

（7）肯尼亚

肯尼亚铁矿石样品中，主要矿物为交代共生的赤铁矿和钛铁矿，其他矿物方面含有大量透明矿物石英（图4-22）。

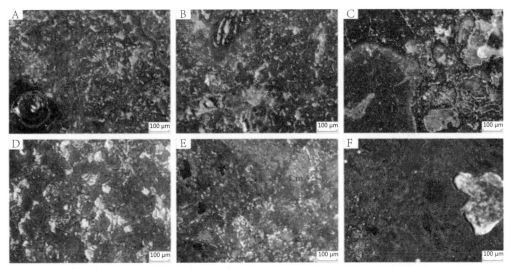

A.Fe-006-1澳大利亚；B.Fe-006-1澳大利亚；C.Fe-009-1澳大利亚；D.Fe-042-1越南；
E.Fe-042-1越南；F.Fe-044-1越南。

图4-20　越南褐铁矿与澳大利亚褐铁矿矿物特征对比图

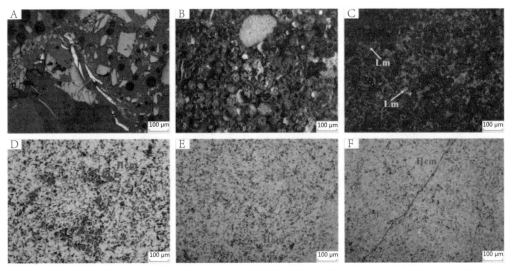

A.Fe-011-1，赤铁矿中含有黄铁矿；B.Fe-027-1，赤铁矿与褐铁矿混合；C.Fe-049-1，赤铁矿表面有一层
薄层褐铁矿覆盖；D.Fe-049-1，赤铁矿，矿物晶体颗粒细小，文象结构；E.Fe-050-1，赤铁矿，矿物晶体颗
粒细小，颗粒结构；F.Fe-050-1，赤铁矿，矿物晶体颗粒细小，解理结构。

图4-21　南非铁矿矿物特征图

（8）老挝

老挝铁矿石样品中，主要矿物为磁铁矿、赤铁矿。主要特征表现为磁铁矿和赤铁
矿之间有转化关系，矿物晶体结构较为完整，且磁铁矿、赤铁矿晶体呈斑块状；自然
光下可见矿物颜色呈偏浅棕色（原生磁铁矿带浅棕色），因此认为最大可能是磁铁矿转
化成了赤铁矿，同时转化过程中保留了大量原生磁铁矿特征。其他矿物方面，含微量
黄铁矿、褐铁矿等（图4-23）。

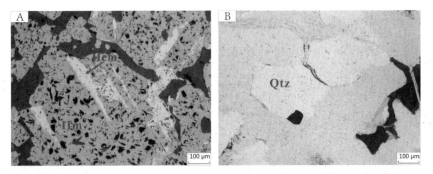

A.Fe-035-1，赤铁矿与钛铁矿形成的交代共生结构；B.Fe-035-1，钛铁矿中含有大量透明矿物石英。

图4-22 肯尼亚铁矿矿物特征图

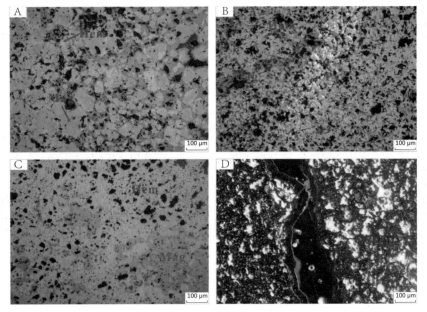

A.Fe-037-1，磁铁矿向赤铁矿发生转化，交代结构；B.Fe-037-1，磁铁矿中含有黄铁矿，侵入结构；C.Fe-064-1，磁铁矿向赤铁矿发生转化，交代结构；D.Fe-064-1，赤铁矿中含有褐铁矿。

图4-23 老挝铁矿矿物特征图

（9）马来西亚

马来西亚铁矿石样品中，主要矿物为褐铁矿、钛铁矿，矿物结构以碎屑结构、网状结构、赤铁矿对钛铁矿侵入充填结构为主。其他矿物方面，含有大量方解石等（图4-24）。

（10）智利

智利铁矿石的矿物类型主要以钛铁矿为主，发育大量解理结构。矿物中含有少量黄铁矿，含有大量呈鳞片状集合体的透明矿物绿泥石，因铁元素的影响，绿泥石在单偏光下呈现出深绿色（4-25C），呈现二级—三级干涉色，大部分主要为常规绿泥石。此外，可见靛蓝、褐锈及丁香紫等异常干涉色，含特殊变种类绿泥石（4-25D）。

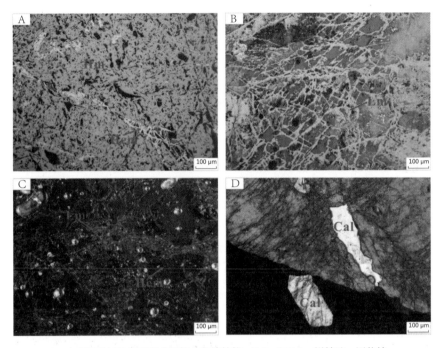

A.Fe-056-1，赤铁矿与钛铁矿形成的侵入充填结构；B.Fe-055-1，褐铁矿，网状结构；C.Fe-055-1，褐铁矿中含有赤铁矿；D.Fe-056-1，钛铁矿中含有大量方解石。

图 4-24　马来西亚铁矿矿物特征图

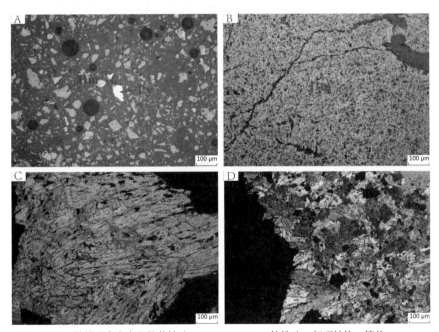

A.Fe-025-1，钛铁矿中含有少量黄铁矿；　B.Fe-054-1，钛铁矿，解理结构、筛状结构；C.Fe-054-1，单偏光，钛铁矿中含有大量透明矿物绿泥石；D.Fe-054-1，正交偏光，钛铁矿中含有大量透明矿物绿泥石。

图 4-25　智利铁矿石矿物结构特征图

（11）伊朗

伊朗铁矿石的矿物类型主要以磁铁矿为主，含少量赤铁矿和褐铁矿，矿物结构以碎屑结构、交代结构为主；其中矿物晶体结构较为破碎，且明显可见少量赤铁矿针状晶体；自然光下可见矿物颜色呈偏浅灰蓝色（原生赤铁矿带浅灰白色微带淡蓝色），因此认为该磁铁矿是由赤铁矿转化而来，同时转化过程中保留了大量原生赤铁矿特征（图4-26）。

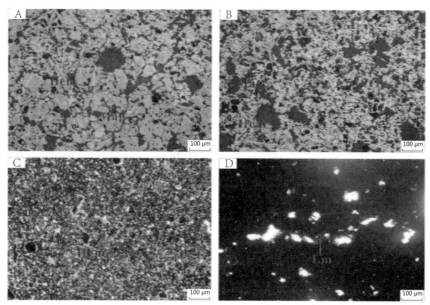

A.Fe-004-1，赤铁矿向磁铁矿转化，交代结构；B.Fe-004-1，碎屑结构，针状结构；C.Fe-004-1，含有少量赤铁矿；D.Fe-004-1，含有少量褐铁矿。

图4-26　伊朗铁矿石矿物结构特征图

4　本章小结

本章主要采用矿相综合鉴定法，对澳大利亚、巴西、缅甸、越南、老挝、哈萨克斯坦、肯尼亚、马来西亚、南非、智利、伊朗共计11个国家的铁矿石矿相鉴定数据信息进行综合分析，详细综述各国铁矿石在矿相特征方面的差异。其中，矿物种类、矿物结构、矿物含量等指标差异最为明显，优先引入作为铁矿石产地溯源重要指标，以此得到如下结论：

不同国家铁矿的矿物种类具有明显差异。例如：澳大利亚铁矿石以赤铁矿和褐铁矿为主；巴西铁矿石以赤铁矿为主；缅甸铁矿石以磁铁矿、黄铁矿、钛铁矿为主；哈萨克斯斯坦铁矿石以赤铁矿和钛铁为主矿；南非铁矿石以赤铁矿和褐铁矿为主；老挝铁矿石以钛铁矿和赤铁矿为主。

不同国家同种铁矿的矿物结构特征有明显差异。澳大利亚赤铁矿与巴西赤铁矿相比，澳大利亚赤铁矿矿物结构繁多，包含网状结构、斑点状结构、条带结构等多种结构，而巴西赤铁矿结构比较少，多为网状结构和板状结构。老挝铁矿石与伊朗铁矿石矿物结构均有赤铁矿与磁铁矿形成的交代共生结构；但老挝铁矿石的矿物晶体结构较为完整，且磁铁矿、赤铁矿晶体呈斑块状结构，自然光下可见矿物颜色偏浅棕色，因此认为最大可能是磁铁矿转化成了赤铁矿，同时转化过程中保留了大量原生磁铁矿原始特征；伊朗铁矿石矿物晶体结构较为破碎，且明显可见少量赤铁矿针状晶体，自然光下可见矿物颜色偏浅灰蓝色，因此认为最大可能是赤铁矿转化成了磁铁矿，同时转化过程中保留了大量原生赤铁矿的特征。

不同国家铁矿石中透明矿物的种类和含量有明显差异。例如：在巴西已鉴定的铁矿中，所有铁矿中都有透明矿物石英；在缅甸已鉴定的铁矿中，铁矿中含有辉石、长石、透闪石、方解石等多种透明矿物，而且含量较多；在澳大利亚已鉴定的铁矿中，大部分铁矿中未发现透明矿物；在智利已鉴定的铁矿中，铁矿中含有呈现异常干涉色的特殊变种绿泥石。

基于各国铁矿石在矿物种类、矿物特征、矿石结构、透明矿物种类等多种指标方面的差异，在现有铁矿石样本下，通过偏光显微镜在矿相综合鉴定中实际运用，对差异指标进行综合提取，成功揭示了各国铁矿石的矿相显微特征，从而为实现各国进口铁矿石产地溯源提供了一种强有力的技术手段与技术思路。

参考文献：

[1] 徐国风.金属矿物的定量鉴定——矿相学研究的新进展[J].矿物岩石地球化学通讯,1985(3):27-28.

[2] 何小曲.岩矿鉴定原理及不同矿物现象对比研究[J].中国金属通报,2020,1024(7):244-245.

[3] 丁尚尚,刘磊,韩秀丽,等.酸性球团矿矿相结构及冶金性能研究[J].钢铁钒钛,2019,40(179):126-131.

[4] 周祥,韩秀丽,刘磊,等.不同类型钒钛球团矿矿相结构和冶金性能分析[J].烧结球团,2019,44(4):31-35.

[5] 邸航,王永红,杜屏,等.基于矿相结构与冶金性能的酸性球团质量综合评价[J].中国冶金,2021,31(1):9-13.

[6] 王琴,胡金盟,轩小虎.基于偏光显微镜矿物颗粒种类及含量的鉴定问题简述[J].世界有色金属,2019(11):260+262.

[7] 冯俊环.偏光显微镜在岩矿鉴定工作中的使用技巧和方法[J].甘肃科技,2019,35(5):22-24.

[8] 王苹.矿石学教程[M].武汉:中国地质大学出版社,2008.

[9] 房艳萍.计算机图形图像处理技术在铜矿石识别中的应用研究[J].世界有色金属,2016(23):27-28.

[10] 马志强,左艳丽,卢春华.计算机断层扫描(CT)技术在矿物岩石细观结构观测中的应用[J].化工矿物与加工,2019,48(3):4-8.

[11] 杨向荣,赵新生,张晓帆.矿物反射色与计算机辅助矿物鉴定[J].新疆大学学报(自然科学版),2002(2):136-140.

[12] TÖRNROOS R. Properties of alabandite; alabandite from Finland[J]. Neues Jahrbuch für Mineralogie-Abhandlungen,1982:107-123.

[13] ROBERTS F I. A dendritic-type arrangement of pyrite from the Kangiara deposit, SE Australia[J]. Mineralogical Magazine,1982,46(338):132-134.

[14] 闵红,刘倩,张金阳,等.X射线荧光光谱-X射线粉晶衍射-偏光显微镜分析12种产地铜精矿矿物学特征[J].岩矿测试:2021,40(1):74-84.

[15] 刘海,王兵.中国西北部地区地质矿物在偏光显微镜下的特征[J].世界有色金属,2019(17):201-

202.

[16]徐国风.矿相学的新发展与 2000 年展望[J].地质与勘探,1984(6):36-43+71.

[17]李仔栓.甘肃金川铜镍矿矿相学、成岩与成矿关系研究[D].北京:中国地质大学,2018.

[18]蒋章伟.天然金伴生矿物显微 LIBS 识别技术与方法研究[D].济南:山东大学,2020.

[19]王静.矿物显微图像增强技术研究[D].徐州:中国矿业大学,2017.

[20]LÓPEZ A,CATALINA J C,ALARCÓN D,et al. Automated ore microscopy based on multispectral measurements of specular reflectance. I–A comparative study of some supervised classification techniques[J]. Minerals Engineering,2020,146.

[21]彭媛媛,李世超,陈曼云,等.透明矿物薄片鉴定的计算机检索方法[J].吉林大学学报(地球科学版),2006(S1):238-240.

附录一：偏光显微镜铁矿石矿物鉴定报告

偏光显微镜铁矿石矿物鉴定报告

1. 矿石编号：
2. 矿石来源地：
3. 鉴定方法：
4. 鉴定地点：
5. 鉴定时间：
6. 鉴定过程：
（1）自然光
自然光下主要观察矿物的构造、反射率、反射色及矿物结构4个指标。
①矿石的构造：
②矿物的反射率：
③反射色：
④矿物结构：
（2）单偏光
单偏光下主要观察矿物的双反射、反射多色性及显微硬度共3个指标
①双反射：
②反射多色性：
③显微硬度：
（3）正交偏光
正交偏光下主要观察矿物的均质性及非均质性1个指标。
均质性及非均质性：
（4）斜照光
斜照光下主要观察矿物的内反射1个指标
内反射：
（5）其他矿物：
7. 鉴定结果
编号＿＿＿＿号铁矿石，反射率约为＿＿＿＿左右，定为＿＿＿＿级；反射色为＿＿＿＿色；＿＿＿＿（可/不可）见双反射；＿＿＿＿（均质/非均质），均非性有＿＿＿＿变化；＿＿＿＿（显/不显）内反色，＿＿＿＿色；钢针＿＿＿＿（可/不可）刻动，铜针＿＿＿＿（可/不可）刻动，刻划硬度为＿＿＿＿（高/中/低）硬度。矿物结构表现为＿＿＿＿＿＿＿＿结构。其他矿物方面，含有＿＿＿＿。

附录二：各个国家铁矿石矿相综合鉴定结果信息表

样品编号	原产国	反射色	反射率	双反射	反射多色性	均质性与非均质性	显微硬度	内反射	矿物结构	其他次要矿物	矿石构造	矿石定名
Fe-002-1	巴西	浅灰白色微带淡蓝色	30%	未见	未见	强非均质（蓝灰-灰黄）	高	显（深红色）	网状结构	石英、磁铁矿	块状	赤铁矿
Fe-004-1	澳大利亚	浅灰白色微带淡蓝色	30%	未见	未见	强非均质（蓝灰-灰黄）	高	显（深红色）	条带状及斑点状混合结构	磁铁矿、石英	块状	褐铁矿
Fe-005-1	澳大利亚	浅灰白色微带淡蓝色	30%	未见	未见	强非均质（蓝灰-灰黄）	高	显（深红色）	尖角交待结构、多边形结构、斑块状结构	黄铁矿、磁铁矿	块状	赤铁矿
Fe-006-1	澳大利亚	浅灰白色带暗褐色	20%	未见	未见	均质	高	显（暗褐色部分较多，其次为绿色、青灰色、黄色、黄褐色等混合）	条纹状结构、溶蚀结构、碎屑结构	无	块状	赤铁矿
Fe-007-1	澳大利亚	浅灰白色微带淡蓝色	30%	未见	未见	强非均质（蓝灰-灰黄）	高	显（深红色）	网络状结构、板块状结构、斑点状结构	褐铁矿	块状	赤铁矿
Fe-008-1	澳大利亚	浅灰白色微带淡蓝色	30%	未见	未见	强非均质（蓝灰-灰黄）	高	显（深红色）	粒状结构、斑点状结构、网络状结构	褐铁矿、磁铁矿	块状	赤铁矿
Fe-009-1	澳大利亚	浅灰白色带暗褐色	20%	未见	未见	均质	高	显（暗褐色部分较多，其次为绿色、青灰色、黄色、黄褐色等混合）	溶蚀结构、碎屑结构、脉状结构、水流状结构等	石英	块状	褐铁矿
Fe-010-1	澳大利亚	浅灰白色微带淡蓝色	30%	未见	未见	强非均质（蓝灰-灰黄）	高	显（深红色）	条纹状结构	褐铁矿	块状	赤铁矿
Fe-011-1	南非	浅灰白色微带淡蓝色	25%	未见	未见	非均质（蓝灰-灰黄）	高	显（深红色）	无	褐铁矿、黄铁矿	粉末状	赤铁矿
Fe-013-1	澳大利亚	浅灰白色微带淡蓝色	30%	未见	未见	非均质（蓝灰-灰黄）	高	显（深红色）	板状结构、胶状结构、乳滴状结构、半自形晶粒状结构、解理结构等	褐铁矿、绢云母	块状	赤铁矿

（续表）

样品编号	原产国	反射色	反射率	双反射	反射多色性	均质性与非均质性	显微硬度	内反射	矿物结构	其他次要矿物	矿石构造	矿石定名
Fe-014-1	巴西	浅灰白色微带淡蓝色	30%	未见	未见	强非均质（蓝黄-灰黄）	高	显（深红色）	网状结构、多边形及方格结构	磁铁矿、褐铁矿和石英	块状	赤铁矿
Fe-017-1	哈萨克斯坦	浅灰白色微带淡蓝色	25%	未见	未见	强非均质（蓝灰-灰黄）	高	显（深红色）	网状结构、碎屑状结构	褐铁矿	块状	赤铁矿
Fe-020-1	哈萨克斯坦	浅灰白色微带淡蓝色	30%	未见	未见	强非均质（蓝灰-灰黄）	高	显（深红色）	网状结构、交代结构	磁铁矿,绢云母	块状	赤铁矿
Fe-021-1	哈萨克斯坦	灰色微带浅棕色	20%	未见	未见	强非均质（绿灰-棕黄）	高	不显	片状结构、板状结构	黄铁矿	颗粒	钛铁矿
Fe-022-1	哈萨克斯坦	灰色带浅棕色	20%	未见	未见	强非均质（绿灰-棕黄）	高	不显	解理构造、网状构造、斑点状结构	无	颗粒	钛铁矿
Fe-025-1	智利	灰色带浅棕色	20%	未见	未见	强非均质（绿灰-棕黄）	高	不显	无	黄铁矿	粉末	钛铁矿
Fe-027-1	南非	浅灰白色微带淡蓝色	25%	未见	未见	强非均质（蓝灰-灰黄）	高	显（深红色）	无	褐铁矿	颗粒	赤铁矿
Fe-028-1	澳大利亚	浅灰白色微带淡蓝色	25%	未见	未见	强非均质（蓝灰-灰黄）	高	显（深红色）	环带结构、文象结构、网状结构、板状结构	褐铁矿	颗粒	赤铁矿
Fe-029-1	澳大利亚	浅灰白色微带淡蓝色	25%	未见	未见	强非均质（蓝灰-灰黄）	高	显（深红色）	无	褐铁矿	粉末	赤铁矿
Fe-030-1	缅甸	灰色微带浅棕色	25%	未见	未见	均质	高	不显	压碎结构、解理结构、交代结构	黄铁矿、赤铁矿	颗粒	磁铁矿
Fe-031-1	缅甸	灰色带浅棕色	20%	未见	未见	强非均质（绿灰-棕黄）	高	不显	板状结构、网状结构、解理结构	辉石、透闪石	块状	钛铁矿
Fe-032-1	缅甸	浅黄白色	53%	未见	未见	均质	高	不显	自形晶结构、碎裂结构、解理结果、交代结构	长石、方解石、绿泥石	块状	黄铁矿

（续表）

样品编号	原产国	反射色	反射率	双反射	反射多色性	均质性与非均质性	显微硬度	内反射	矿物结构	其他次要矿物	矿石构造	矿石定名
Fe-034-1	巴西	浅灰白色微带淡蓝色	25%	未见	未见	强非均质（蓝灰-灰黄）	高	显（深红色）	网状结构、乳滴状结构	褐铁矿	粒状	赤铁矿
Fe-035-1	肯尼亚	灰色带浅棕色	20%	未见	未见	强非均质（绿灰-棕灰）	高	不显	解理结构、交代结构	赤铁矿、石英	块状	铁矿
Fe-037-1	老挝	灰色微带浅棕色	25%	未见	未见	均质	高	不显	胶状结构、解理结构、交代结构	黄铁矿、赤铁矿	块状	磁铁矿
Fe-039-1	伊朗	灰色微带浅棕色	25%	未见	未见	均质	高	不显	解理结构、网状结构、交代结构	褐铁矿	块状	磁铁矿
Fe-042-1	越南	浅灰白色带浅褐色	20%	未见	未见	均质	高	显（黄褐色、红色、黄色、暗褐色、棕色等多种颜色混合）	胶状结构、网状结构	无	块状	褐铁矿
Fe-044-1	越南	浅灰白色带浅褐色	20%	未见	未见	均质	高	显（黄褐色、红色、黄色、暗褐色、棕色等多种颜色混合）	网状结构、方格状结构	云母	块状	褐铁矿
Fe-045-1	越南	浅灰白色微带淡黄色	25%	未见	未见	强非均质（蓝灰-灰黄）	高	显（深红色）	网状结构、板状结构、文象结构	褐铁矿	块状	赤铁矿
Fe-049-1	南非	浅灰白色微带淡蓝色	25%	未见	未见	强非均质（蓝灰-灰黄）	高	显（深红色）	文象结构、针状结构、网状结构、板状结构	无	粒状	赤铁矿

（续表）

样品编号	原产国	反射色	反射率	双反射	反射多色性	均质性与非均质性	显微硬度	内反射	矿物结构	其他次要矿物	矿石构造	矿石定名
Fe-050-1	南非	浅灰白色微带淡蓝色	25%	未见	未见	强非均质（蓝灰-灰黄）	高	显（深红色）	解理结构、碎屑结构	褐铁矿	粒状	赤铁矿
Fe-054-1	智利	灰色带浅棕色	20%	未见	未见	强非均质（绿灰-棕灰）	高	不显	解理结构、板状结构	绿泥石	块状	铁铁矿
Fe-055-1	马来西亚	浅灰白色带浅褐色	20%	未见	未见	均质	高	显（黄褐色、红色、黄色、暗褐色、褐色、棕色等多种颜色混合）	网状结构、板状结构	赤铁矿	块状	褐铁矿
Fe-056-1	马来西亚	灰色带浅棕色	20%	未见	未见	强非均质（绿灰-棕灰）	高	不显	交代结构、碎屑结构、针状结构、解理结构	方解石	块状	铁铁矿
Fe-064-1	老挝	浅灰白色微带淡蓝色	25%	未见	未见	强非均质（蓝灰-灰黄）	高	显（深红色）	网状结构、交代结构、胶状结构	磁铁矿、褐铁矿	块状	赤铁矿
Fe-075-1	哈萨克斯坦	浅灰白色微带淡蓝色	25%	未见	未见	强非均质（蓝灰-灰黄）	高	显（深红色）	解理结构、压碎结构、泥裂结构	褐铁矿	粒状	赤铁矿
Fe-076-1	哈萨克斯坦	灰色带浅棕色	20%	未见	未见	强非均质（绿灰-棕灰）	高	不显	解理结构、碎屑结构	无	粒状	铁铁矿
Fe-077-1	哈萨克斯坦	灰色带浅棕色	20%	未见	未见	强非均质（绿灰-棕灰）	高	不显	解理结构、筛状结构	无	粒状	铁铁矿

第五章　高分辨电感耦合等离子体质谱在进口铁矿石产地溯源中的应用

1　研究现状

由于微量元素含量具有产地指纹特性，已有食品相关领域的研究利用其指纹特性进行产地溯源。Anja 等[1] 为了确定马铃薯的地理来源，同样应用 ICP-MS 对样品进行多元素分析，其中包括稀土元素含量测定。利用 4 个不同农场的 36 个马铃薯样本中 19 种微量元素数据结合监督模式识别统计分析（即多变量判别分析）建立模型，最终得到两个判别函数用于对样本进行分类。第一判别函数解释了总方差的 90.6%，第二判别函数解释了 5.6%，最终建模及交叉验证可以达到 100.0% 分类准确率。Liu 等[2] 采用元素分析-同位素比质谱（EA-IRMS）和 ICP-MS 测定了来自中国、泰国、马来西亚的精米中 32 种组分含量。主成分分析中前两个主成分仅能解释总方差的 49.05%，对样品不能完全分类。利用逐步判别分析，最终得到 10 个变量 2 个判别方程用于建立分类模型，对中国不同地区精米的判别准确率为 93.1%、对中国及进口精米的判别准确率为 82.6%。Liu 等[3] 从中国 3 个省的 9 个农场采集了山羊奶、饲料、土壤及饮用水样品，测定了 C、H、O、N 稳定同位素比值，利用 HR-ICP-MS 测定了样本所含 11 种微量元素的含量。统计分析表明，除 Zn 元素外，其他元素含量在两个或三个区域间存在显著差异。通过线性逐步判别分析选择 7 个特征变量建立模型，最终建模及交叉验证的分类准确率可以达到 100%。

地质样品中所含微量及痕量元素众多，尤其是稀土元素更是作为示踪元素被广泛地用于追踪和研究地质成因，了解地质样品的元素组成也是进行地球化学研究的前提，因此对不同产地铁矿石所含微量元素进行测定并结合化学计量学建立模型也为产地溯源提供了思路。

电感耦合等离子体质谱法（ICP-MS）是目前常用的微量、痕量元素检测技术手段。但地质样品基体复杂，在 ICP-MS 实际应用中仍然会出现样品分解不完全、干扰和仪器漂移等问题，必须克服这些问题才能获得精确和准确的结果。除了质谱干扰以外，ICP-MS 应用时还存在着非质谱干扰。非质谱干扰也称基体效应，一般也可分为信号抑制或增强效应以及溶液含盐量过高引起的物理干扰效应。克服基体效应最有效的方法是内标法[4]、标准加入技术[5]、同位素稀释法[6]、固相萃取技术（SPE）[7] 等。Willbold 等[8] 提出了一种将同位素稀释法与 HR-ICP-MS 结合使用测定地质材料中 12 种微量元素的方法，不仅结合了同位素稀释的高精度和准确性，克服了 ICP-MS 的最主要的缺点（基体效应和灵敏度漂移），还展现出了 HR-ICP-MS 的优势。Rospabe 等[9] 使用 HR-ICP-MS 测定了超镁铁质岩石中的 37 种微量元素，包括 Li、Rb、Sr、Cs、Ba、高场强元素（Y、Zr、Nb、REE、Hf、Ta、Th、U）、Pb、其他过渡元素（Sc、Ti、V、Cr、Mn、Co、Ni、Zn）和 Ga。该方法的优点是结合了共沉淀法，避免了高镁含量导致的基体效应，并且可以预富集更多的微量元素。高分辨电感耦合等离子体质谱法作为一种解决质谱干扰的高性能痕量元素检测技术，在多目标区域地球化学调查评价中具有独特优势，元素的检出限极低并且可同时测定的元素较多，为元素化学的超痕量分析开辟了新的分析领域。

利用高分辨电感耦合等离子体质谱获取的不同产地铁矿石微量、痕量元素含量信息，结合化学计量学分析技术和手段，将多维原始数据通过数学算法进行压缩、降维和归类分析，按照样本的特性进行特征选取和属性分类，寻找样本内部规律，自动解析、鉴定样本集的结构组成和定量构效关系，可用于进口铁矿石产地溯源。

2　高分辨电感耦合等离子体质谱测定铁矿石中 33 种微量元素的方法研究

2.1　试验仪器及材料

试验所用仪器为赛默飞世尔科技（中国）有限公司 Element 2 型双聚焦高分辨电感耦合等离子体质谱仪，可以准确可靠地进行痕量级多元素的定量分析。

使用质量浓度为 1 ng/mL 的 Li、Ce、Co、Tl、Y 调谐液对高分辨电感耦合等离子体质谱仪器进行最佳工作条件的选择（见表 5-1），使仪器各项参数均达到测定指标。氧化物产率 CeO+/Ce+ 保持在 2‰以下，样品间用体积分数为 3%硝酸洗涤 1 min。

表 5-1　高分辨电感耦合等离子体质谱仪工作条件

工作参数	设定条件
射频功率	1250 W
样品气流量	1.021 L/min
辅助气流量	0.93 L/min
冷却气流量	14.45 L/min
X-炬管位置	4.300 mm
Y-炬管位置	3.600 mm
Z-炬管位置	−3.500 mm
蠕动泵泵速	10.00 r/min
提取透镜电压	−2000 V
聚焦透镜电压	−1390 V
X-偏转透镜电压	0.25 V
Y-偏转透镜电压	−4.50 V

试验中稀释所用溶液均为 Milli-Q 水净化系统（Millipore，Bedford，MA，美国）获

得的电阻率为 18.0 MΩ·cm 的超纯水，所用氩气纯度 99.999%，主要试剂及标准溶液
见表 5-2。

表 5-2 标准溶液及主要实验试剂

试剂	规格/浓度	生产厂家
硝酸	ACS 级	德国 CNW
氢氟酸	ACS 级	德国 CNW
Co、Cr、Mo、Ni、Pb、Sn、Sr、V、Zn 混合标准溶液	100 µg/mL	国家有色金属及电子材料分析测试中心
Ce、Dy、Er、Eu、Gd、Ho、La、Lu、Nd、Pr、Sm、Tb、Tm、Y、Yb 混合标准溶液	10.0 µg/mL	国家有色金属及电子材料分析测试中心
Zr、Hf、Ta、Nb、Ga、Rb、Th、U、Cs 单元素标准溶液	1000 µg/mL	国家有色金属及电子材料分析测试中心
Li、Ce、Co、Tl、Y 混合标准溶液	1.0 µg/mL	国家有色金属及电子材料分析测试中心
In、Rh 混合标准溶液	10.0 µg/mL	国家有色金属及电子材料分析测试中心

铁矿石标准样品 C21 T61372 来自 Well Group Scientific（USA）Ltd，表 5-3 列出了
标准样品中所含各元素标准值的详细信息。

表 5-3 铁矿石标准样品 C21 T61372 标准值

元素	认证值/%	标准偏差	元素	认证值/%	标准偏差	元素	认证值/%	标准偏差
Al	6.74	0.135	Ho	0.000277	0.0000219	Si	23.28	0.292
Ba	0.0808	0.0053	K	1.23	0.086	Sm	0.0107	0.0003
Be	0.000248	0.000042	La	0.1369	0.0075	Sn	0.00160	0.00021
Bi	0.000148	0.000033	Li	0.00196	0.000085	Sr	0.0305	0.0012
Ca	0.697	0.024	Lu	0.000052	0.0000049	Ta	0.00137	0.000064
Ce	0.1798	0.0072	Mg	0.751	0.033	Tb	0.000484	0.0000212
Co	0.000944	0.000148	Mn	0.0361	0.0030	Th	0.0116	0.0003
Cr	0.0393	0.0021	Mo	0.00252	0.00037	Ti	1.20	0.028
Cs	0.000368	0.0000246	Nb	0.0698	0.0039	Tm	0.000070	0.0000054
Dy	0.00198	0.000075	Nd	0.0781	0.0047	U	0.000421	0.0000193
Er	0.000601	0.0000350	Ni	0.0053	0.00049	V	0.0255	0.0013
Eu	0.00227	0.000096	P	0.198	0.014	W	<0.0006	
Fe	18.90	0.628	Pb	0.0067	0.00054	Y	0.006	0.00026
Ga	0.00338	0.000174	Pr	0.0244	0.0008	Yb	0.000391	0.0000262
Gd	0.005	0.00030	Rb	0.0075	0.00041	Zn	0.0121	0.0023
Hf	0.00118	0.000056	Sb	0.000371	0.000039			

2.2 试验方法

2.2.1 样品前处理

精确称取 50 mg 铁矿石样品于 Teflon 内罐中，加入 1 mL HF 和 0.5 ml HNO_3，用钢

套密封后放入烘箱中加热 48 h，温度控制在 185 ℃±5 ℃。冷却后取出内罐，敞开置于电热板上加热蒸至近干，再加入 0.5 mL HNO₃ 蒸发近干，重复操作此步骤一次。加入 5 mL 的体积分数 50% HNO₃，再次密封放入烘箱中 130 ℃加热 12 h 进行复溶。冷却后取出内罐，将溶液定量转移至 100 mL 塑料容量瓶中并用体积分数 2%硝酸定容至刻度摇匀。此溶液用于高分辨电感耦合等离子体质谱测定。

2.2.2　样品测定

从 33 种元素的标准溶液中，精密吸取所选组合元素的标准溶液（组合内元素等量），分别置于塑料容量瓶中混合，然后用含有 10 ng/mL 内标元素（^{115}In-^{103}Rh）的 2% HNO₃ 溶液逐级稀释，制备成质量浓度分别为 0.10、1.00、5.00、50.0、100.0 ng/mL 的 Co、Cr、Mo、Ni、Pb、Sn、Sr、V、Zn 共 9 种元素的混合标准溶液；质量浓度分别为 0.01、0.10、1.00、10.0、100.0 ng/mL 的 Ce、Dy、Er、Eu、Gd、Ho、La、Lu、Nd、Pr、Sm、Tb、Tm、Y、Yb 共 15 种元素的混合标准溶液；质量浓度分别为 0.10、0.50、1.00、5.00、50.0 ng/mL 的 Zr、Hf、Ta、Nb 共 4 种元素的混合标准溶液；质量浓度分别为 0.10、1.00、5.00、50.0、100.0 ng/mL 的 Ga、Rb、Th、U、Cs 共 5 种元素的混合标准溶液。

用质量浓度为 10 ng/mL 的 Li、Ce、Co、Tl、Y 调谐液对仪器进行最佳工作条件的选择，使仪器各项参数均达到测定指标。在建立方法时选择 Co、Cr、Mo、Ni、Pb、Sn、Sr、V、Zn、Ce、Dy、Er、Eu、Gd、Ho、La、Lu、Nd、Pr、Sm、Tb、Tm、Y、Yb、Zr、Hf、Ta、Nb、Ga、Rb、Th、U、Cs 等 33 种元素的相应同位素进行分析测定。根据元素质量数差别采用不同的内标进行校正，选择 ^{115}In-^{103}Rh 双内标元素校正系统，以 ^{115}In 来校正质量数小于 160 的待测元素，以 ^{103}Rh 校正质量数大于 160 的待测元素[10]。每个样品取 3 个数值，以内标校正后的强度结果为纵坐标（Y）、质量浓度为横坐标（X），绘制标准曲线，根据标准曲线计算得到样品中待测元素的浓度。按式（1）计算固体样品中待测元素的质量浓度。

$$\omega = \frac{(\rho - \rho_0) \cdot V}{m}$$

式中：ω 为样品中待测元素的质量浓度，μg/g；ρ 为测定溶液中待测元素浓度，μg/mL；ρ_0 为实验室试剂空白溶液中待测元素浓度，μg/mL；V 为测定溶液体积，mL；m 为被称取样品的质量，g。

2.3　结果与讨论

2.3.1　元素同位素及分辨率选择

高分辨电感耦合等离子体质谱可测定的元素范围很广，在测定时应尽量避免选择存在同量异位素干扰的同位素，在此基础上尽可能选择干扰小、丰度大、灵敏度高的同位素进行测定。同时 Element 2 型高分辨电感耦合等离子体质谱仪可设置的分辨率有低（LR）、中（MR）、高（HR）三种模式，但是选择高分辨率的条件会牺牲仪器的灵敏度，因此在确保待测同位素不受干扰的前提下，应尽可能选择待测元素最合适的分辨率。对 Nb、Mo、Cs、Nd、Sm、Hf、Ta、Pb、Th、U 这类干扰较少的元素可以选择在低分辨率模式下测定；对 V、Cr、Co、Ni、Zn、Ga、Rb、Sr、Zr 这类受到双电荷干离子干扰的元素可以选择在中分辨率模式下测定。在稀土元素测定中，多原子离子的干扰是不容忽视的，尤其是轻稀土元素氧化物和氢氧化物对重稀土元素的干扰以及钡的天然同位素形成的氧化物对轻稀土的干扰[11]。在低、中分辨率下，轻稀土元素 Ce、Pr、Nd 和 Sm 受到的氧化物干扰很严重，Gd、Tb、Dy、Er 也受到不同程度的干扰。因此对受到干扰较为严重的元素测定选择在高分辨率下进行，包括 Y、Sn、La、Ce、Pr、Eu、Gd、Tb、Dy、Ho、Er、Tm、Yb、Lu。对元素待测同位素选择，应尽可能选择丰度大且干扰少的同位素进行测定。例如对 Gd 的测定，Gd 有 7 个天然同位素。其中丰度最高的三个同位素分别是 ^{156}Gd（20.47%）、^{158}Gd（24.84%）、^{160}Gd（21.86%）都有潜在质谱干扰。由于在高分辨模式下 Pr 的氧化物对 Gd 的干扰仍无法分离，因此，当样品中 Pr 浓度过高时就要进行数学手段干扰校正。最终检测方法的待测元素分辨率及同位素选择见表5-4。

表5-4 元素分辨率及同位素选择

元素及同位素	分辨率	元素及同位素	分辨率	元素及同位素	分辨率	元素及同位素	分辨率	元素及同位素	分辨率
^{93}Nb	LR	^{208}Pb	LR	^{68}Zn	MR	^{139}La	HR	^{159}Tb	HR
^{95}Mo	LR	^{232}Th	LR	^{69}Ga	MR	^{140}Ce	HR	^{166}Er	HR
^{133}Cs	LR	^{238}U	LR	^{85}Rb	MR	^{141}Pr	HR	^{169}Tm	HR
^{144}Nd	LR	^{51}V	MR	^{88}Sr	MR	^{151}Eu	HR	^{173}Yb	HR
^{147}Sm	LR	^{52}Cr	MR	^{90}Zr	MR	^{162}Dy	HR	^{175}Lu	HR
^{177}Hf	LR	^{59}Co	MR	^{89}Y	HR	^{165}Ho	HR		
^{181}Ta	LR	^{60}Ni	MR	^{118}Sn	HR	^{158}Gd	HR		

2.3.2 线性及线性范围

配制不同质量浓度的混合标准溶液，在仪器最佳工作条件下进行测定，以标准溶液的质量浓度（ng/mL）为横坐标、测量值与内标测量值的比值为纵坐标，绘制标准曲线，得到各元素线性方程及线性相关系数（见表5-5），各元素的线性关系良好，均满足分析要求。

表5-5 元素线性范围及线性关系

元素	线性范围/（ng·mL⁻¹）	线性方程	线性相关系数
Nb	0.01~100	$Y=0.8324x-0.2908$	0.9999
Mo	0.1~50	$Y=0.1258x-0.0706$	0.9998
Cs	0.1~100	$Y=1.3186x-0.0933$	0.9998
Nd	0.1~100	$Y=0.3958x+0.0717$	1.0000
Sm	0.1~100	$Y=0.2119x-0.0262$	1.0000
Hf	0.01~100	$Y=0.4035x-0.0609$	0.9999
Ta	0.1~100	$Y=2.0019x-1.0651$	0.9987
Pb	0.1~50	$Y=1.0938x-0.0604$	0.9999

元素	线性范围/（ng·mL⁻¹）	线性方程	线性相关系数
Th	0.1~50	$Y=2.134\,3x-0.108\,7$	0.999 9
U	0.1~50	$Y=2.100\,6x-0.081\,6$	0.999 9
V	0.1~100	$Y=0.422\,9x+0.123\,3$	0.999 8
Cr	0.1~100	$Y=0.392\,5x+0.071\,5$	0.999 9
Co	0.1~50	$Y=0.442\,9x+0.132\,9$	0.999 7
Ni	0.1~50	$Y=0.111\,3x+0.040\,8$	0.999 6
Zn	0.1~50	$Y=0.036\,9x-0.041\,8$	0.999 8
Ga	0.1~50	$Y=0.365\,1x+0.121\,4$	0.999 7
Rb	0.1~50	$Y=0.658\,0x+0.226\,3$	0.999 9
Sr	0.1~100	$Y=0.799\,0x+0.306\,1$	1.000 0
Zr	0.01~100	$Y=0.458\,2x-0.004\,1$	1.000 0
Y	0.1~50	$Y=1.049\,8x+0.001\,3$	0.998 3
Sn	0.1~50	$Y=0.232\,6x+0.024\,7$	0.999 9
La	0.01~100	$Y=1.074\,7x-0.140\,8$	0.997 0
Ce	0.01~100	$Y=0.983\,3x-0.109\,5$	0.997 4
Pr	0.01~50	$Y=1.715\,9x+0.044\,2$	0.997 2
Eu	0.01~50	$Y=0.784\,6x+0.019\,1$	0.996 7
Gd	0.01~50	$Y=0.258\,3x-0.043\,1$	0.999 1
Tb	0.01~50	$Y=1.492\,7x-0.058\,3$	0.999 4
Dy	0.01~50	$Y=1.007\,8x+0.321\,0$	0.999 8
Ho	0.01~50	$Y=3.898\,0x+1.449\,5$	0.999 5
Er	0.01~50	$Y=1.280\,1x+0.426\,6$	0.999 9
Tm	0.01~50	$Y=3.828\,4x+1.217\,5$	1.000 0
Yb	0.01~50	$Y=0.603\,2x+0.134\,7$	0.999 9
Lu	0.01~50	$Y=3.555\,0x+1.032\,4$	0.999 7

2.3.3　方法检出限

　　在相同的条件下以2% HNO_3 空白溶液连续测定11次的3倍标准偏差所对应的质量浓度值计算各元素的仪器检出限，见表5-6。结果显示，稀土元素的检出限均很低，在0.002～0.007 mg/g之间。对Cr、V、Zn、Ni的检出限较高，这主要是由仪器背景空白较高所致。

表 5-6 待测元素检出限

元素	检出限/（mg·g⁻¹）	元素	检出限/（mg·g⁻¹）	元素	检出限/（mg·g⁻¹）
Nb	0.082	Cr	2.906	Ce	0.007
Mo	0.086	Co	0.361	Pr	0.004
Cs	0.005	Ni	1.456	Eu	0.004
Nd	0.003	Zn	6.482	Gd	0.006
Sm	0.003	Ga	0.004	Tb	0.003
Hf	0.017	Rb	0.025	Dy	0.004
Ta	0.103	Sr	0.586	Ho	0.002
Pb	0.089	Zr	0.365	Er	0.008
Th	0.006	Y	0.004	Tm	0.004
U	0.002	Sn	0.058	Yb	0.002
V	2.873	La	0.007	Lu	0.002

2.3.4 方法精密度及准确度

铁矿石标准样品 C21 T61372 通过样品前处理后的溶液稀释后分别连续进样 6 次，计算各元素 6 次测得质量浓度的相对标准偏差，见表 5-7。大部分元素的相对标准偏差小于 5%，表明这些元素的方法精密度良好。La、Ce 的相对标准偏差分别为 6.02%、7.08%，这两个元素的认定值分别为 0.1369%、0.1798%，高分辨电感耦合等离子体质谱适用于痕量分析的技术对这两个含量较高的元素测定精密度稍差。根据各元素 6 次测得质量浓度的平均值与标准样品认定值的比值计算所测元素的回收率，见表 5-7。结果显示，Nb、Mo、Cs、Nd、Sm、Hf、Ta、Pb、Th、U、V、Cr、Co、Zn、Rb、Sr、Zr、Y、Sn、La、Ce、Pr、Eu、Dy、Ho、Gd、Tb、Er、Tm、Yb、Lu 这 31 个元素的测定值与标样认定值吻合程度较高，回收率范围在 84.28% 至 113.14% 之间。Ni 的回收率为 122.64%，Ni 共有 5 个天然同位素，其中丰度最高的两个同位素分别是 ^{58}Ni（68.27%）、^{60}Ni（26.10%），^{58}Ni 收到来自铁元素的干扰，而铁矿石基体含有大量的铁元素，因此选择 ^{60}Ni 进行测定。^{60}Ni 存在的干扰主要来自 $^{44}Ca^{16}O$、$^{24}Mg^{36}Ar$、$^{119}Sn^{++}$、$^{120}Sn^{++}$ 等，但是这些在中分辨率的条件下质谱峰都可以分离，因此 ^{60}Ni 过高的回收率可以排除是质谱干扰的影响。可能是仪器使用的镍锥导致背景空白较高导致。造成 Ga 测定结果偏低的可能原因是使用硝酸及氢氟酸对铁矿石进行消解时易出现微量沉淀，复溶时没有能够完全提取待测元素。

表 5-7 方法精密度及准确度

元素	标准样品认定值/%	测定值/%	测定相对标准偏差（n=6）/%	回收率/%
^{93}Nb	0.069 8~0.003 9	0.066 7~0.001 3	1.95	95.50
^{95}Mo	0.002 52~0.000 37	0.002 74~0.000 17	6.20	108.73
^{133}Cs	0.000 368~0.000 024 6	0.000 370~0.000 028 4	7.68	100.54

（续表）

元素	标准样品认定值/%	测定值/%	测定相对标准偏差（n=6）/%	回收率/%
^{144}Nd	0.078 1~0.004 7	0.070 4~0.001 2	1.68	90.14
^{147}Sm	0.010 7~0.000 3	0.010 0~0.000 1	1.45	93.46
^{177}Hf	0.001 18~0.000 056	0.001 28~0.000 004	0.29	108.47
^{181}Ta	0.001 37~0.000 064	0.001 55~0.000 075	4.84	113.14
^{208}Pb	0.006 7~0.000 54	0.006 8~0.000 13	1.88	101.49
^{232}Th	0.011 6~0.000 3	0.011 5~0.000 2	1.74	99.14
^{238}U	0.000 421~0.000 019 3	0.000 460~0.000 004 8	1.04	109.26
^{51}V	0.025 5~0.001 3	0.028 1~0.000 5	1.78	110.20
^{52}Cr	0.039 3~0.002 1	0.041 3~0.000 5	1.21	105.09
^{59}Co	0.000 944~0.000 148	0.001 045~0.000 033	3.16	110.70
^{60}Ni	0.005 3~0.000 49	0.006 5~0.000 17	2.62	122.64
^{68}Zn	0.012 1~0.002 3	0.012 6~0.000 04	0.32	104.13
^{69}Ga	0.003 38~0.000 174	0.002 65~0.000 033	1.25	78.40
^{85}Rb	0.007 5~0.000 41	0.007 9~0.000 10	1.28	105.33
^{88}Sr	0.030 5~0.001 2	0.032 9~0.000 5	1.52	107.87
^{90}Zr	0.047 2~0.002 1	0.043 8~0.000 05	0.11	92.80
^{89}Y	0.006~0.000 26	0.006~0.000 07	1.17	100.00
^{118}Sn	0.001 60~0.000 21	0.001 67~0.000 03	1.80	104.38
^{139}La	0.136 9~0.007 5	0.126 3~0.007 6	6.02	100.92
^{140}Ce	0.179 8~0.007 2	0.173 7~0.012 3	7.08	96.60
^{141}Pr	0.024 4~0.000 8	0.023 7~0.000 2	0.84	97.13
^{151}Eu	0.002 27~0.000 096	0.002 21~0.000 040	1.81	97.36
^{162}Dy	0.001 98~0.000 075	0.001 72~0.000 049	3.22	86.87
^{165}Ho	0.000 277~0.000 021 9	0.000 310~0.000 018 3	5.90	111.91
^{158}Gd	0.005~0.000 30	0.004 7~0.000 14	2.98	94.00
^{159}Tb	0.000 484~0.000 021 2	0.000 519~0.000 008 3	1.59	107.23
^{166}Er	0.000 601~0.000 035 0	0.000 600~0.000 020 8	3.47	99.83
^{169}Tm	0.000 070~0.000 005 4	0.000 059~0.000 003 2	5.42	84.28
^{173}Yb	0.000 391~0.000 021 2	0.000 363~0.000 010 2	2.81	92.74
^{175}Lu	0.000 052~0.000 004 9	0.000 048~0.000 001 4	2.92	92.31

3 基于微量、痕量元素含量的进口铁矿石产地溯源模型

3.1 样品收集

铁矿石中33种微量及痕量元素含量的测定采用高分辨电感耦合等离子体质谱仪，具体检测方法见2.2节。共采集了来自澳大利亚与南非的9个品牌共计75个铁矿石样品中33种微量及痕量元素数据，样品信息见表5-8。

表5-8 铁矿石样品微量及痕量元素检测样品信息表

国别	品牌	品牌英文名	矿区	样本量
澳大利亚	哈扬粉	Yandi Fine Ore	Yandi	8
澳大利亚	津布巴粉	Jimblebar Blend Fine Ore	Jimblebar	9
澳大利亚	福蒂斯丘混合粉	Fortescue Blend Fines	Pilbara	11
澳大利亚	皮尔巴拉粉	Pilbara Blend Fines	Pilbara	7
澳大利亚	皮尔巴拉块	Pilbara Blend Lump	Pilbara	12
澳大利亚	纽曼粉	Newman Blend Fine Ore	Newman	10
澳大利亚	纽曼块	Newman Blend Lump Ore	Newman	8
南非	昆巴标准粉	Kumba Standard Fines	Kumba	5
南非	昆巴标准块	Kumba Standard Lump	Kumba	5

3.2 数据处理

主成分分析（PCA）是对复杂数据建立多元线性模型的一种数据分析方法。多元线性主成分分析模型用正交基向量（特征向量）来构建，通常也称之为主成分。主成分拟合了数据中统计学上显著的方差和随机量测误差。主要目的是剔除主成分中的随机误差，从而降低复杂变量的维度，并且最小化测量误差的影响[12]。线性判别分析（LDA）是一种常用于判断样品所属类别的统计分析方法。线性判别分析的基本思想是投影，对于多个类别来讲，类内离散度越小越好，类间离散度越大越好。对于原始的类，通过将其投影到低维空间，并且要求经过投影后达到类内离散度最小，类间离散度最大[13]。线性判别分析和主成分分析均是通过找出特征向量来降低维数，两者均抓住了统计特征，但是适用具体情况有所不同。

3.3 结果与讨论

3.3.1 品牌铁矿石中特征元素分析

为了解不同痕量元素在空间的分布情况以及不同品牌铁矿石中的特征元素，对9个品牌75个铁矿石样品中33种痕量元素定量数据进行主成分分析，前三个主成分的得分散点图见图5-1。三个主成分的累积变量达到94.7%，其中第1主成分（PC1）代表78.2%的变量；第2主成分（PC2）代表12.3%的变量；第3主成分（PC3）代表4.2%的变量。说明这三个主成分已经涵盖了原有33种元素的绝大部分信息。来自澳大利亚的七个品牌铁矿石样本和南非两个品牌的铁矿石样本在空间上被大致分开，但是相同国家的多个品牌仍然无法很好地区分开来。澳大利亚的哈扬粉、福蒂斯丘混合粉、

皮尔巴拉粉、皮尔巴拉块、纽曼粉、纽曼块基本聚在一起，仅有津布巴粉与其他品牌区分较为明显。纽曼粉这一品牌的铁矿石中有一个样本偏离其他样本，原始数据显示，这是由该样本中 Ce 元素含量异常高所导致的，可以作为异常值剔除。

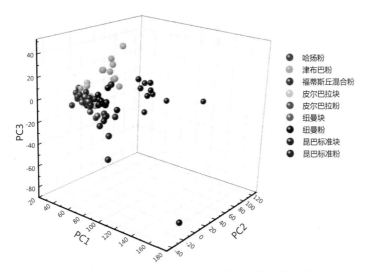

图 5-1　主成分分析中前三个主成分的得分散点图

铁矿石中 33 种元素前 2 个主成分载荷值见图 5-2。在 PC1 中，Sr、Ce、V、Zr、Zn、Cr 等元素具有较高的载荷值；在 PC2 中，Sr 有较高的载荷值；前 2 个主成分包含了解释总方差 90.5% 的贡献率，故可认为不同品牌铁矿石样品中的特征元素为 Sr、Ce、V、Zr、Zn、Cr 等元素。

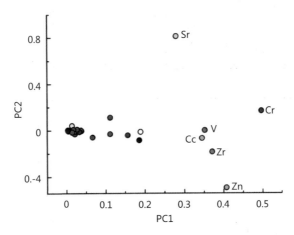

图 5-2　铁矿石中 33 种元素前 2 个主成分载荷值

计算 9 类品牌铁矿石中 Sr、Ce、V、Zr、Zn、Cr 6 个特征元素的定量分析数据，绘制具有明显特征的微量元素含量平均值的条形图（见图 5-3），可以看出不同品牌铁矿石所含 Sr、Ce、V、Zr、Zn、Cr 含量存在较为明显的差异。

产自南非的昆巴标准粉与昆巴标准块含有很高的 Sr、Cr 含量，而 Zn 含量较低。来自同一个矿区的福蒂斯丘混合粉、皮尔巴拉粉、皮尔巴拉块所含这 6 种元素含量略有差异，从均值来看，福蒂斯丘混合粉所含 Ce、V、Zr、Zn、Cr 元素含量比其他两个品牌要高。纽曼粉及纽曼块都来自 Newman 矿区，所含这 6 种元素含量略有差异，从均值来看，纽曼粉所含 Sr、Ce、V、Zr、Zn、Cr 元素含量比纽曼块略高。与其他品牌差异较大的是津布巴粉，Ce、Sr 含量较高、Zn 含量较低，这也解释了图 5-1 中津布巴粉与澳大利亚其他品牌铁矿石区分较为明显的原因。利用这些特征信息，可以进一步实现对 9 类品牌铁矿石的分类与鉴别。

3.3.2 基于结合判别分析建立品牌铁矿石产地溯源模型

对品牌铁矿石中 33 种微量及痕量元素的主成分分析结果表明，铁矿石所含的微量及痕量元素信息能够反映元素分布与产地之间的关系，可见以铁矿石中微量及痕量元素为变量对不同品牌铁矿石进行分类是可行的。因此，选择以上 33 种元素为变量，采用逐步判别法提取特征变量，建立品牌铁矿石的分类模型。重点采集了来自澳大利亚和南非的 9 类品牌铁矿石共计 75 个样品的定量分析数据（部分铁矿石样品中个别元素未检出以该元素检出限代替）建立品牌铁矿石判别分析模型。这 9 类品牌包括澳大利亚的津布巴混合粉、皮尔巴拉块、皮尔巴拉粉、纽曼粉、纽曼块、哈杨粉、福蒂斯丘

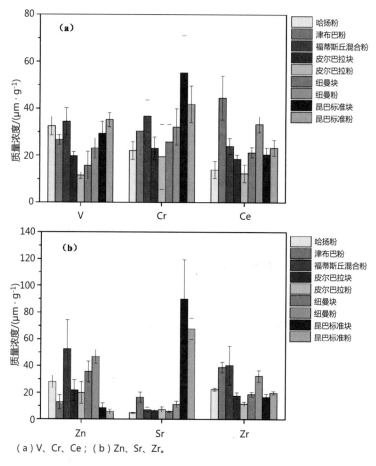

（a）V、Cr、Ce；（b）Zn、Sr、Zr。

图 5-3　不同品牌微量元素含量平均值条形图

混合粉以及南非的昆巴标准粉、昆巴标准块。33 个变量经过逐步判别分析，最终采用 14 个变量 8 个判别函数建立铁矿石品牌判别模型，得到 9 个品牌相对应的组质心的坐标。对于未知样品的预测，就可以将该样品中 14 个元素的含量分别代入 8 个判别函数计算 8 维坐标，与 9 个品牌的组质心坐标做对比，距离最近则意味着该样品的品牌预测结果，以此实现对未知样品的产地溯源。具体的判别结果如表 5-9 所示，建模样品验证的判别准确率达到 100%，交叉验证的判别准确率为 98.7%。

表 5-9 判别准确率

品牌	建模样品验证	交叉验证	品牌	建模样品验证	交叉验证
哈杨粉	100%	100%	纽曼混合块	100%	100%
津布巴混合粉	100%	100%	纽曼混合粉	100%	100%
福蒂斯丘混合粉	100%	100%	昆巴标准块	100%	100%
皮尔巴拉混合块	100%	100%	昆巴标准粉	100%	80%
皮尔巴拉混合粉	100%	100%	总计	100%	98.7%

判别函数：

$F_1 = 2.395X_1 - 0.077X_2 - 0.097X_3 + 0.187X_4 - 0.009X_5 + 0.082X_6 + 0.328X_7 - 1.482X_8 + 10.758X_9 + 1.651X_{10} - 4.907X_{11} - 35.557X_{12} - 2.678X_{13} + 32.131X_{14} - 22.847$

$F_2 = 29.804X_1 - 0.104X_2 - 0.487X_3 + 1.185X_4 - 0.022X_5 + 0.252X_6 + 13.055X_7 - 1.915X_8 - 31.137X_9 - 1.800X_{10} + 10.038X_{11} - 12.504X_{12} - 2.162X_{13} + 8.365X_{14} - 1.944$

$F_3 = 46.101X_1 - 0.277X_2 + 0.072X_3 + 2.026X_4 + 0.039X_5 - 0.06X_6 - 6.802X_7 + 0.32X_8 + 20.325X_9 + 0.095X_{10} - 0.117X_{11} - 8.025X_{12} - 1.356X_{13} - 2.061X_{14} - 8.205$

$F_4 = -9.578X_1 - 0.035X_2 - 3.159X_3 + 2.955X_4 + 0.04X_5 + 0.095X_6 + 3.629X_7 - 2.722X_8 - 2.205X_9 - 0.612X_{10} - 1.953X_{11} + 13.858X_{12} + 0.949X_{13} + 2.13X_{14} + 0.758$

$F_5 = -19.38X_1 + 0.281X_2 - 0.977X_3 + 1.281X_4 - 0.021X_5 - 0.6X_6 - 2.232X_7 + 2.275X_8 - 2.58X_9 + 2.746X_{10} - 0.19X_{11} - 14.216X_{12} + 3.447X_{13} + 1.567X_{14} + 1.082$

$F_6 = -7.606X_1 + 0.131X_2 + 1.896X_3 + 1.703X_4 + 0.021X_5 + 0.402X_6 + 1.243X_7 + 0.04X_8 + 4.551X_9 - 1.166X_{10} + 1.804X_{11} + 3.119X_{12} - 0.074X_{13} - 0.809X_{14} - 10.04$

$F_7 = 9.945X_1 + 0.105X_2 + 1.721X_3 - 1.345X_4 + 0.000X_5 - 0.082X_6 - 2.718X_7 - 0.758X_8 - 3.977X_9 + 2.287X_{10} - 8.039X_{11} + 7.681X_{12} + 0.506X_{13} + 3.895X_{14} - 7.64$

$F_8 = -7.367X_1 + 0.33X_2 + 0.25X_3 - 1.986X_4 + 0.109X_5 + 0.123X_6 - 4.953X_7 - 0.365X_8 + 3.711X_9 + 0.235X_{10} + 1.532X_{11} - 3.317X_{12} - 1.077X_{13} - 2.328X_{14} + 1.325$

式中：$X_1 \sim X_{14}$ 分别代表 Cs、Pb、Ga、Rb、Sr、Y、Eu、Gd、Tb、Dy、Ho、Tm、Yb、Lu 元素的含量。

前 3 个判别函数 F_1、F_2、F_3 分别解释了总信息的 67.8%、15.1%、10.6%，累计解释 97.5%，用前 3 个函数建立判别模型，并用判别得分来绘制三维散点图（见图 5-4）。从图中可以看出三维散点图将 9 类铁矿石品牌基本分开，津布巴粉、皮尔巴拉混合粉、皮尔巴拉混合块与纽曼混合块铁矿距离较近，昆巴标准块与昆巴标准粉距离较近。建模样品验证准确率达到 100%，交叉验证样品中有 1 个样品出现判别错误的情况，1 个昆巴标准粉被误判为昆巴标准块。从微量元素数据分析，昆巴标准粉与昆巴标准块这两个品牌的多种微量元素没有明显差异。从矿脉角度分析，由于昆巴标准粉与昆巴标准块这两个品牌的铁矿石是由英美资源在南非的 Sishen 与 Kolomela 两个矿区产出的铁矿石在运至港口后混合所得，其成分差异不大，含铁品位也接近，仅是粒度上有区别，这可能是出现误判的原因，增加昆巴标准粉及昆巴标准块的样本量应该会改善分类结果。

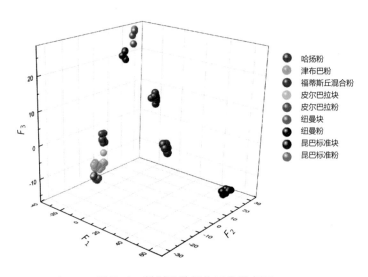

图 5-4　判别函数得分三维散点图

在逐步判别分析筛选出的 Cs、Pb、Ga、Rb、Sr、Y、Eu、Gd、Tb、Dy、Ho、Tm、Yb、Lu 这 14 个变量中，包含了 9 种稀土元素。这也从侧面反映出稀土元素在追踪和研究地质成因中的重要性，绘制了 9 个品牌所含这 9 种稀土元素含量柱状图见图 5-5。

除了纽曼粉中 Tb 元素、哈扬粉及福蒂斯丘混合粉中 Ho 元素、福蒂斯丘混合粉中 Tm 元素未检出以外，其余品牌中其他稀土元素含量具有一定差异。津布巴粉含有较高的 Gd、Dy、Yb 元素含量；哈扬粉含有较高的 Tb、Ho 元素含量；来自同一矿区的纽曼粉与纽曼块相比含有较高的 Y、Dy、Ho 元素含量；来自同一矿区的皮尔巴拉块与皮尔巴拉粉相比含有较高的 Yb、Dy 元素含量。主成分分析中筛选出的 Sr、Ce、V、Zr、Zn、Cr 这 6 个特征元素含量在同一矿区产出的福蒂斯丘混合粉、皮尔巴拉块及皮尔巴拉粉之间的差异并不显著，而 Yb、Dy 元素则有更明显的差异。这也进一步解释了判别分析筛选出的特征变量在对铁矿石品牌分类时具有更好结果的原因。

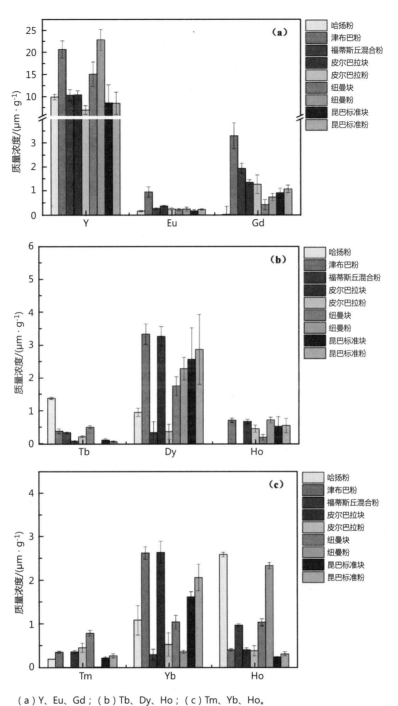

（a）Y、Eu、Gd；（b）Tb、Dy、Ho；（c）Tm、Yb、Ho。

图 5-5　不同品牌稀土元素含量平均值条形图

4 本章小结

在本章中，建立了高分辨电感耦合等离子体质谱法测定铁矿石中 33 种微量、痕量元素的检测方法，并测定了来自澳大利亚和南非的九个品牌铁矿石共计 75 个样品中 33 种微量及痕量元素含量，对元素含量进行主成分分析和线性判别分析。通过比较发现，不同品牌铁矿石样品中元素组成存在一定差异。主成分分析可以简化铁矿石中 33 种微量及痕量元素信息，能够反映原始变量的主要信息，并筛选出其特征元素。通过主成分载荷图，筛选出 Sr、Ce、V、Zr、Zn、Cr 等特征元素。利用这些特征信息，可以进一步实现对 9 类品牌铁矿石的分类和鉴别。应用线性判别分析建立了品牌铁矿石判别模型，建模样品验证准确率达到 100%，交叉准确率达到 98.7%。利用判别分析建立的品牌铁矿石分类模型可以用于预测未知样品以实现产地溯源的目的。

参考文献：

[1] MAHNE OPTIĆ A, NEČEMER M, BUDIČ B, et al. Stable isotope analysis of major bioelements, multi-element profiling, and discriminant analysis for geographical origins of organically grown potato [J]. Journal of Food Composition and Analysis, 2018, 71: 17-24.

[2] LIU Z, ZHANG W X, ZHANG Y Z, et al. Assuring food safety and traceability of polished rice from different production regions in China and southeast Asia using chemometric models [J]. Food Control, 2019, 99: 1-10.

[3] LIU H, ZHAO Q, GUO X, et al. Application of isotopic and elemental fingerprints in identifying the geographical origin of goat milk in China [J]. Food Chem, 2019, 277: 448-454.

[4] 赵小学, 赵宗生, 陈纯, 等. 电感耦合等离子体-质谱法内标元素选择的研究 [J]. 中国环境监测, 2016, 32 (1): 84-87.

[5] 陈方圆. 典型沉积环境中沉积物和原油中微量元素 ICP-MS 分析及应用 [D]. 北京: 中国石油大学 (北京), 2017.

[6] 杨妙峰, 刘海波, 陈成祥, 等. 电感耦合等离子体质谱同位素稀释法测定沉积物和茶叶标准物质中铅的研究 [J]. 分析测试学报, 2005, (3): 52-55.

[7] 张杨赟. 高盐样品基体效应的研究及 SPE-ICP-MS 分析方法的建立 [D]. 天津: 天津大学, 2018.

[8] Willbold M, Jochum K. Multi-element isotope dilution sector field ICP-MS: a precise technique for the analysis of geological materials and its application to geological reference materials [J]. Geostandards and Geoanalytical Reasearch, 2005, 29 (1): 63-82.

[9] ROSPABE M, BENOIT M, CANDAUDAP F. Determination of trace element mass fractions in ultramafic rocks by HR-ICP-MS: a combined approach using a direct digestion/dilution method and preconcentration by coprecipitation [J]. Geostandards and Geoanalytical Reasearch 2018, 42 (1): 115-129.

[10] 胡圣虹, 陈爱芳, 林守麟, 等. 地质样品中 40 个微量、痕量、超痕量元素的 ICP-MS 分析研究 [J]. 地球科学, 2000 (2): 186-190.

[11] 胡圣虹, 林守麟, 刘勇胜, 等. 等离子体质谱法测定地质样品中痕量稀土元素的基体效应及多原子离子干扰的校正研究 [J]. 高等学校化学学报, 2000 (3): 368-372.

[12] 余菲. 利用太赫兹光谱进行混合物鉴别的统计学方法研究 [D]. 北京: 首都师范大学, 2014.

[13] 马冯艳. 主分量分析和线性判别分析在分类问题中的应用 [J]. 科技视界, 2015 (13): 52+54.

第六章　激光剥蚀电感耦合等离子体质谱在进口铁矿石产地溯源中的应用

1　研究现状

对于铁矿石产地溯源最具指示意义的是矿物的化学成分特点，想成功实现铁矿石的产地溯源研究，对矿石中的化学成分分析就显得必不可少，因此需要借助各种各样的方法、技术、理论来明确矿石中的各项化学指标特征，建立完善的产地溯源模型，实现铁矿石的产地溯源追踪[1]。然而，尽管当前对矿石地球化学成分研究分析的方法、理论和技术早已不计其数，但是由于地质研究的多解性、成果的不完善性、科学家认知水平局限性等因素限制，导致无论何种研究手段其自身必然存在或多或少的瑕疵与不足。选择不同的研究技术手段必然会直接影响到研究成果的科学性，这就迫使研究者需要选择一种可行性高、准确度足的研究方法和手段开展科研工作。综合前人研究经验、研究成果等多方面因素考虑后，选择一种适用于铁矿石地球化学分析，可实现铁矿石产地溯源技术的研究手段——激光原位微区分析。

激光原位微区分析全称单矿物激光原位微区主微量元素分析技术，是 20 世纪 80 年代发展起来的一种主微量元素分析技术，20 世纪 80 年代，Gray[2] 首次将激光器与电感耦合等离子体质谱联用，开创了激光剥蚀电感耦合等离子体质谱（LA-ICP-MS）固体原位微区分析技术。近几十年来，激光原位微区分析技术在地质、环境、生物和冶金等众多科学领域已经得到了广泛的应用，尤其是在地质领域，该分析技术对推动地球科学研究的进展起到了非常重要的作用。经过多年的发展，激光原位微区分析早已成为了地质分析的重要方向[3-5]。

激光剥蚀电感耦合等离子体质谱法（LA-ICP-MS）主要是将激光剥蚀进样系统与 ICP-MS 分析检测系统联用，突破了常规溶液进样的局限，消除了溶液进样带来的一些多原子离子干扰问题，提高了进样效率[6]。其基本工作原理是：将激光微束聚焦于样品表面使之烙蚀气化，由载气将剥蚀微粒带到等离子体中离子化，经质谱系统按质荷比分离，最后由探测器检测不同质荷比的离子[7-8]。这种分析技术目前被认为是最为有效的一种分析不同物质中的主微量元素和同位素的一种手段，具有原位、实时、快速的分析优势以及灵敏度高、检出限低、空间分辨率高、谱线相对简单、多元素同时测定和可提供元素同位素比值信息等特点，广泛用来分析固体样品主、次、痕量元素，尤其是在痕量元素分析中具有非常大的优势，还可以进行元素或同位素的深度分析[9]。

自 1980 年 Houk 等[10] 联名发表了关于电感耦合等离子体质谱仪器（ICP-MS）技术的研究论文后，在二十世纪八十年代初期商业化的仪器正式投放市场并被人们广泛接受，并得到了飞速的发展。近年来已被广泛应用于地质和环境等领域[11]，对于反演矿床形成的物理化学条件，示踪矿床的形成过程，判别不同矿床类型及找矿勘查等具重要意义[12]。我国已有若干大学和研究机构建立了较成熟的 LA-ICP-MS 激光原位微区分析实验室，如中国地质科学院矿产资源研究所/中国地质大学（武汉）、中国科学院地质与地球物理研究所等。

与现阶段矿石元素测试较常用的电子探针技术（EPMA）相比，LA-ICP-MS 具有样品制备简单、分析速度快、分析成本低、同位素 U-Pb 定年的分析精度接近电子探针的水平、主量元素分析可达到或接近电子探针类似的精度及准确度、可进行元素三维空间分布的分析等优点[13]，极具广泛应用的空间。但是 LA-ICP-MS 的元素检出限要低 5-7 个数量级[14]，其应用上更适合样品中痕量元素的测试与分析工作。利用激光原位微区分析在铁矿石中进行产地溯源，主要是通过获取矿石样品主量、微量元素数据，然后进行数据处理（如元素组合、元素比值、地球化学多元统计手段等），对提取信息综合分析后，得到各国铁矿石的成因类型、形成环境、元素特征等指标信息，然后对各指标进行差异性对比，最终实现矿石产地溯源。

磁铁矿是铁矿石中一种常见的副矿物，广泛分布于各类岩石及多种重要的岩浆和热液矿床中[15-16]。利用磁铁矿的微量元素组成可以帮助解决矿床成因问题。在矿物微量元素分析方面，LA-ICP-MS 相比 EPMA 具有更低的检测限，使其能够同时分析矿物中的主要、次要和微量元素，更有利于全面了解矿物中的元素分布特征。因此，大量的学者利用激光原位主微量元素分析技术，针对磁铁矿在矿床成因、主微量元素特征方面开展了大量研究。

Frenkel（1999）等[17] 在利用 LA-ICP-MS 进行大量磁铁矿样品测试及总结大量磁铁矿相关测试数据后，分析了不同成因类型铁矿床中磁铁矿的主微量元素特征。其研究认为磁铁矿中的主量元素比值图解（Al/Ti-V/Ti）可以用来区分岩浆成因和热液成因的磁铁矿，并且可以进一步区分斑岩环境中形成的热液磁铁矿和矽卡岩环境中形成的磁铁矿。孟郁苗（2016）等[12] 采用无内标-多外标法校正 LA-ICP-MS 测定磁铁矿微量元素组成，可以有效克服磁铁矿的基体效应，分析结果与推荐值及前人内标法结果一致。黄柯（2017）等[18] 通过总结 25 个不同类型岩浆和热液矿床中磁铁矿微量元素数据，与前人在矿床类型判别上的研究进行一定的对比，发现常用的磁铁矿判别图解可以用来区分多种不同类型的矿床。尽管涌现了大量的成果，但是对于 LA-ICP-MS 测定磁铁矿微量元素组成而实现铁矿石产地溯源的分析方法并无系统成果，且由于不同的实验室采用的分析方法和标准不尽相同，数据的可对比性较差，因此利用 LA-ICP-MS 来进行铁矿石产地溯源的方法仍有待深入研究。

黄铁矿是各种矿床中常见的矿物之一，也是铁矿石中一种常见的副矿物之一，越来越多的研究表明，矿物在结晶过程中记录了成矿流体成分和物理化学条件等的变化，不同时期、不同条件形成的黄铁矿往往记录了多期次多阶段多世代成因信息。黄铁矿复杂的内部结构、形貌特征和多阶段生长现象常对应其微量元素分布和组成。因此，黄铁矿微量元素特征可以用于研究成矿过程和限定矿床成因[19-20]。梁建锋（2011）等[21]利用 LA-ICP-MS 技术通过对黄铁矿主微量元素测试分析，成功解释了安徽铜陵冬瓜山铜金矿床的形成过程。赵晓燕（2019）等[22]运用原位微区分析技术对邦布矿床中不同世代含金黄铁矿的微量元素组成进行测定后，认为该区域的黄铁矿中亲铁元素 Co、Ni 主要以类质同象的形式进入到黄铁矿的晶格中替代 Fe，As 和 Se 呈类质同象形式替换 S，Au 是以纳米颗粒的形式均匀或不均匀的分布于不同产状的黄铁矿之中。张赫（2019）等[23]通过开展黄铁矿 LA-ICP-MS 试验对大量黄铁矿主微量元素进行测试分析后，认为黄铁矿的微量元素可以用来判断矿床的成因类型，主量元素 S 和 Fe 的比值可以用来反应黄铁矿形成的宏观环境。

　　大量的研究表明，基于激光剥蚀电感耦合等离子体质谱对黄铁矿中所含的主微量元素开展分析，探索黄铁矿的地球化学元素特征以及矿床成因等特征，已是一项成熟而被广泛运用的技术。但是，在纵观以往的研究成果中，我们发现同磁铁矿矿主微量元素测试分析类似，利用激光剥蚀电感耦合等离子体质谱针对黄铁矿开展的元素特征、矿床特征成果虽颇多，针对产地溯源相关理论技术却缺乏系统研究和运用还有待深入探索。

　　值得注意的是，尽管相比离子探针、电子探针方法，LA-ICP-MS 有着制样简单、分析速度快、成本低、精度高等诸多优点，但其自身也面临着诸多挑战。例如定量校准、元素分馏效应是 LA-ICP-MS 面临的最主要的问题，也是影响分析结果精密度及准确度的主要因素。定量分析结果的精密度及准确度依赖于校准，合适同位素的选择、内标元素的选择、基体匹配的校准、剥蚀参数及 ICP 条件的最优化是准确定量需要优先考虑的问题。基体匹配的标准物质被认为是 LA-ICP-MS 最理想的校准物质，可获得更好的精密度及准确度[24]。标准物质是具有一种或多种足够均匀和很好确定了特定值，用来校准设备、评价测量方法或给材料赋值的材料或物质。但要找到完全匹配的样品基体与标样比较困难，因此测量的精密度与准确度很大程度上取决于样品基体与标样的匹配程度。因此，LA-ICP-MS 技术的发展受制于标准物质的研制。就目前而言，现有的标准物质主要是硅酸盐、氧化物类，能基本满足硅酸盐、氧化物的分析所用。而元素分馏效应是指不同元素在剥蚀蒸发及传输过程中行为的差别，表现为与样品无关的元素强度随时间的变化，即元素的非计量剥蚀。分馏主要产生于激光剥蚀过程、气溶胶传输过程及 ICP 离子化过程，元素分馏效应主要与激光能量、激光波长、激光脉冲宽度、剥蚀时间、元素电离能及样品自身的性质等有关。例如激光波长越短，颗粒越小则分馏效应越微弱。但不论如何，元素分馏效应一直存在，并不能彻底消除。

　　因此，要想精确、高效的实现铁矿石激光剥蚀电感耦合等离子体质谱主微量元素分析，实现矿石产地溯源，就必须完美地处理好 LA-ICP-MS 试验测试中定量校准、元素分馏效应等问题，这意味着无论对试验者还是仪器研发者来说，将来还有一段很长的路程要走。

2 铁矿石激光剥蚀电感耦合等离子体质谱分析法

单矿物激光剥蚀电感耦合等离子体质谱分析技术是20世纪80年代发展起来一种主微量元素分析技术，被运用于地质、环境、生物、材料、工业产品检测等领域，可分析主量、微量、痕量、超痕量元素，特别在稀土元素（REEs）、PGEs、同位素分析等方面具有很大优势。

以磁铁矿和黄铁矿为研究对象，基于激光剥蚀电感耦合等离子体质谱（LA-ICP-MS）仪系统进行单矿物主微量元素分析，是本章铁矿石激光原位微区分析的主要内容，整个过程主要包含试验数据获取及试验数据分析两个部分。

2.1 数据获取

（1）基于偏光显微镜矿相研究，在偏光显微镜下，将探针片中的磁铁矿和黄铁矿的位置进行标注，完成基础准备工作（图6-1A）。

（2）基于激光剥蚀电感耦合等离子体质谱（LA-ICP-MS）仪系统，对磁铁矿及黄铁矿进行微区原位主微量元素测试。LA-ICP-MS主要由激光剥蚀系统（LA）、电感耦合等离子体源（ICP）和质谱检测系统（MS）三大部分组成，基本原理是将激光束聚焦于样品表面使之熔蚀气化，由载气（He或/和Ar）将样品微粒（气溶胶）送至等离子体中电离，再经质谱系统进行质量过滤，最后用接收器分别检测不同质荷比的离子，最终得到质谱图。它的每个谱峰的强度与样品中元素的浓度成正比，然后通过与标准校正曲线的信号强度比较就可以得到定量结果（图6-1B、6-1C、6-1D）。

（3）经过激光剥蚀电感耦合等离子体质谱（LA-ICP-MS）仪系统试验测定的数据，再经过计算机数据处理软件"ICPMSDataCal"处理后便可得到完整铁矿石样品的含量数据（图6-1E、6-1F）。

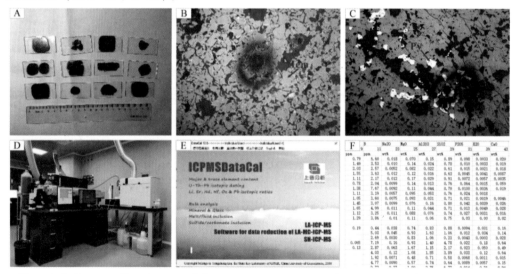

A.铁矿石探针片图；B.磁铁矿测试图；C.黄铁矿测试图；D.LA-ICP-MS测试仪系统；E.ICPMSDataCal数据测试软件界面；F.铁矿石测试数据。

图6-1 铁矿石样品数据获取相关图件

2.2　试验数据分析

（1）磁铁矿激光剥蚀电感耦合等离子体质谱分析

试验表明，铁元素倾向于酸性条件下活化迁移，而在偏基性环境下富集成矿[24]（酸性 SiO_2 含量>65%；中性 52%<SiO_2 含量<65%；基性 45%<SiO_2 含量<52%；超基性 SiO_2 含量<45%）。在针对各国的磁铁矿样品的测试数据中，明显看到 FeO 含量与 SiO_2 含量呈明显负相关（图6-2），表明磁铁矿中的硅质含量越高，越不利于铁的富集沉淀，相对基性的成矿环境更适合铁矿形成。换种说法即磁铁矿随成矿演化的进行，其 SiO_2 含量是逐渐降低的。因此以磁铁矿中 SiO_2 为参考标值（作为 X 轴），与其他主微量元素（作为 Y 轴）进行相关性成图分析，此类图件称为 SiO_2 协变图解。

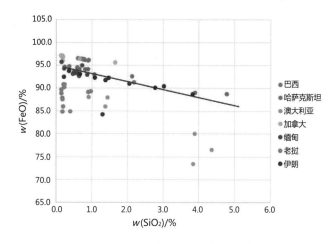

图6-2　FeO 含量与 SiO_2 含量关系图

协变图解是最常用的并被证明为最有效的考察地球化学数据的方法，其中应用最广泛的是 Harker 图解，其最早由 Alfred Harker 于 1909 年开始应用，其利用 SiO_2（作为 X 轴）与其他元素（作为 Y 轴）进行作图，定性说明主要元素与 SiO_2 之间存在的关系。这类图解使得大量数据信息得以浓缩和条理化，可以反映和解释组分之间的相关性、演化趋势以及潜在的地质过程[25]。

此外，在对磁铁矿矿床研究分析方面，有学者统计了大量岩浆成因磁铁矿以及斑岩和矽卡岩矿床中的热液磁铁矿的主量和微量元素数据，通过元素比值和数据统计分析，认为磁铁矿的微量元素组成变化（Ti）-（Ni/Cr）可以有效地区分磁铁矿形成的不同环境，而磁铁矿的主量元素（Ca + Al + Mn）-（Ti + V）则可以用来区分其形成的不同的矿床环境。

对于不同国家的铁矿石，其所含的磁铁矿在主微量元素方面必然存在差异性和特殊性，自然在 SiO_2 与其他主微量元素相关性方面、磁铁矿形成环境和矿床环境方面也必然存在不同，因此，结合铁矿石产地溯源的目标，将不同国家的铁矿石中磁铁矿 LA-ICP-MS 测试数据的工作采取 SiO_2 协变图解、主微量元素与矿床联系两条路线，综合开展磁铁矿在铁矿石产地溯源方面的数据分析研究工作。

（2）黄铁矿激光剥蚀电感耦合等离子体质谱分析

黄铁矿主量元素包括 S 和 Fe 元素，化学式为 FeS_2，理论化学式比值 $W(S)/$

$W(\text{Fe}) = 1.148$，原子个数比 S/Fe=2，但由于 S 和 Fe 元素实际含量的变化，黄铁矿的原子个数往往并不等于 2。大量天然黄铁矿化学分析结果表明，黄铁矿原子个数比 S/Fe 往往大于或者小于 2，一般将原子个数比 S/Fe<2 称为硫亏损，原子个数比 S/Fe>2 称为铁亏损。此外，黄铁矿中还含有许多微量元素，导致 S 和 Fe 元素的实际含量往往达不到理论值的含量。黄铁矿理论 S 元素含量 $W(\text{S}) = 53.45\%$，Fe 含量 $W(\text{Fe}) = 46.55\%$，当 $W(\text{S})<53.45\%$ 时可称之为贫硫，$W(\text{Fe})<46.55\%$ 时为贫铁。

如上所述黄铁矿的主要元素是 S 和 Fe 元素，但是在黄铁矿形成以及地质活动过程中，其他微量元素对其影响也是非常巨大的。例如亲铁元素 Co、Ni 会以类质同象的形式进入到黄铁矿的晶格中替代 Fe，而亲硫元素 As 和 Se 则会呈类质同象形式替换 S 进入到黄铁矿中。同时正是 Co、Ni 元素在黄铁矿中会以类质同象的形式替换其中的 Fe，其含量变化受其沉淀时的物理化学条件控制明显[26]，因此黄铁矿中的 Co、Ni 含量通常被用来判断黄铁矿的形成环境。一般认为，不同成因类型的黄铁矿通常具有不同的 Co/Ni 比值（Bralia，1979），同生沉积的黄铁矿的 Co/Ni 比值通常小于 1，火山成因的黄铁矿 Co/Ni 比值一般介于 5~100 之间，热液成因的黄铁矿 Co/Ni 比值变化范围较大，但一般大于 1。

对于不同国家的铁矿石，其所含的黄铁矿在主微量元素方面必然存在差异性和特殊性，自然在主微量元素含量方面、矿床形成环境方面也必然存在不同，因此，结合铁矿石产地溯源的目标，将不同国家的铁矿石中黄铁矿 LA-ICP-MS 测试数据的分析工作采取 S/Fe 值图、主微量元素与矿床形成环境两条路线，综合开展黄铁矿在铁矿石产地溯源方面的数据分析研究工作。

3 激光剥蚀电感耦合等离子体质谱在铁矿石产地溯源中的运用实例

基于激光剥蚀电感耦合等离子体质谱的进口铁矿石产地溯源，主要根据铁矿石中磁铁矿和黄铁矿的矿物主微量元素。其中：磁铁矿主要采用 SiO_2 与其他主微量元素相关性研究、磁铁矿矿床类型及成因研究；黄铁矿主要采用主微量元素含量值分析研究、黄铁矿矿床形成环境等，从而开展各国铁矿石产地溯源工作（图6-3）。

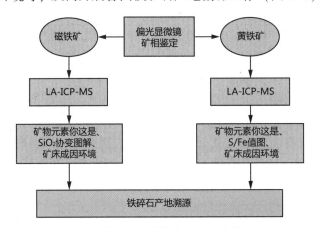

图6-3 铁矿石激光剥蚀电感耦合等离子体质谱分析流程图

3.1 铁矿石数据样本

原矿石原矿样品包含澳大利亚、巴西、哈萨克斯坦、加拿大、缅甸、老挝、伊朗、南非、智利、吉尔吉斯斯坦、乌克兰 11 个国家,测试包含磁铁矿和黄铁矿两种矿物样品,主要由中国地质大学(武汉)资源学院开展相关工作,试验得到 13 个铁矿石样品基本测试数据信息(表 6-1)。

表 6-1 试验样品表

编号	原产国	主要矿物	测试矿物
Fe-008-1	澳大利亚	赤铁矿	磁铁矿
Fe-002-1	巴西	赤铁矿	磁铁矿
Fe-020-1	哈萨克斯坦	赤铁矿	磁铁矿
Fe-026-1	加拿大	磁铁矿	磁铁矿
Fe-030-1	缅甸	磁铁矿	黄铁矿、磁铁矿
Fe-037-1	老挝	磁铁矿	黄铁矿、磁铁矿
Fe-039-1	伊朗	磁铁矿	磁铁矿
Fe-011-1	南非	赤铁矿	黄铁矿
Fe-005-1	澳大利亚	赤铁矿	黄铁矿
Fe-025-1	智利	钛铁矿	黄铁矿
Fe-019-1	吉尔吉斯斯坦	钛铁矿	黄铁矿
Fe-016-1	乌克兰	赤铁矿	黄铁矿
Fe-077-1	哈萨克斯坦	钛铁矿	黄铁矿

3.2 各国铁矿石激光剥蚀电感耦合等离子体质谱测试数据分析

3.2.1 磁铁矿

(1)矿物元素平均含量

在矿物元素含量方面,由于磁铁矿中大部分元素的平均含量极低,针对这些元素的平均含量分析,研究价值低。因此综合研究需要、元素含量等挑选出部分元素进行比对(图 6-4)。研究发现,澳大利亚磁铁矿中 Fe 元素平均含量最低,Mg、Al、Si、Ti、V、Cr、Ni 等元素平均含量明显高于其他国家;老挝、伊朗磁铁矿中 Mg、Zn、Sn 元素平均含量明显高于其他国家;哈萨克斯坦磁铁矿中 Si、Al、V 元素平均含量明显高于其他国家。

(2)各国磁铁矿 SiO_2 协变图解特征

①澳大利亚

澳大利亚的各铁矿石测试样品中 SiO_2 协变图显示,Na、Ca、Sr、Cs 元素含量趋势线随 SiO_2 含量增加呈线性单调递增(图 6-5)。

②巴西

巴西的各铁矿石测试样品中 SiO_2 协变图显示,Eu、Lu、元素含量趋势线随 SiO_2 含量增加呈现线性单调增;Ta、Pb 元素含量趋势线随 SiO_2 含量增加呈现线单调递减(图 6-6)。

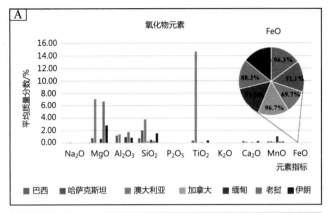

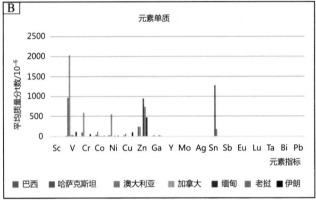

A.氧化物元素含量；B.元素单质元素含量。

图6-4　各国铁矿石中磁铁矿元素含量特征图

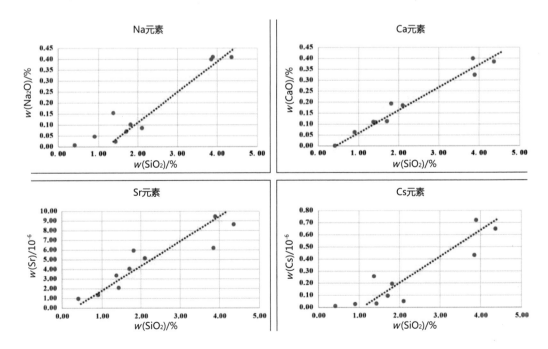

图6-5　澳大利亚 SiO₂ 协变图

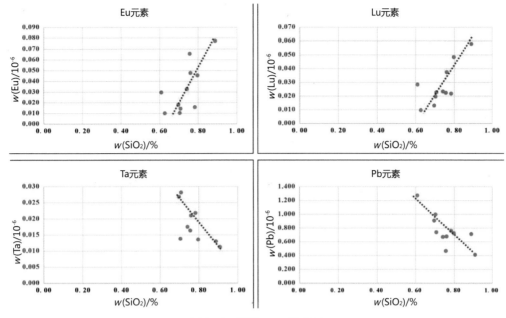

图 6-6　巴西 SiO₂ 协变图

③哈萨克斯坦

哈萨克斯坦的各铁矿石测试样品中 SiO₂ 协变图显示；Al、K、Ca、V 元素含量趋势线均随 SiO₂ 含量增加线性单调递增（图 6-7）。

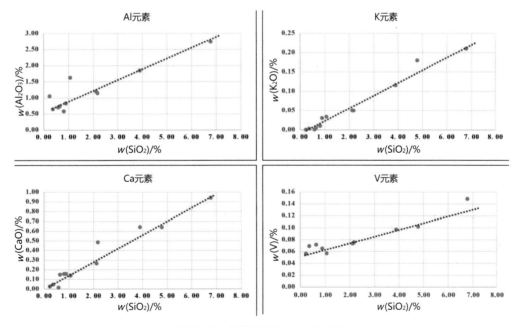

图 6-7　哈萨克斯坦 SiO₂ 协变图

④加拿大

加拿大的各铁矿石测试样品中 SiO₂ 协变图显示，Al、Mo 元素含量随 SiO₂ 含量增加呈单调递增趋势，Ni 元素含量呈单调递减趋势，Sc 元素含量呈先不变后增大趋势，

当 SiO_2 含量低于 0.18% 时，保持不变，当 SiO_2 含量接近或高于 0.18% 时，逐渐增大（图 6-8）。

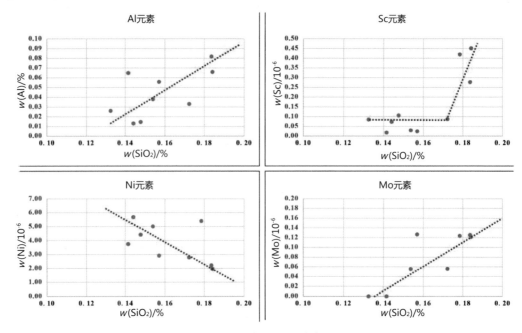

图 6-8　加拿大 SiO_2 协变图

⑤缅甸

缅甸的各铁矿石测试样品中 SiO_2 协变图显示，Al 元素含量趋势线随 SiO_2 含量增加线性单调增；Ca 先线性单调增，当 SiO_2 含量为 0.6% 左右时达到最大值，后开始线性减，当 SiO_2 含量为 0.7% 左右时，含量趋于线趋于水平（图 6-9）。

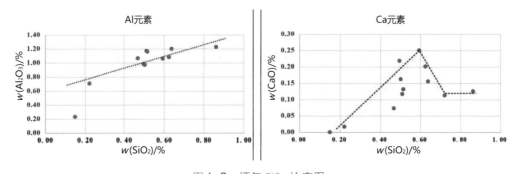

图 6-9　缅甸 SiO_2 协变图

⑥老挝

老挝的各铁矿石测试样品中 SiO_2 协变图显示，Ga 元素含量趋势线随 SiO_2 含量增加呈现线性单调递增（图 6-10）。

⑦伊朗

伊朗的各铁矿石测试样品中 SiO_2 协变图显示，Na、K、Ca 元素含量趋势线随 SiO_2 含量增加呈现线性单调递增；Mg、Mn 元素含量趋势线随 SiO_2 含量增加呈水平直线；

Co 元素含量趋势线随 SiO₂ 含量增加呈线性单调递减（图 6-11）。

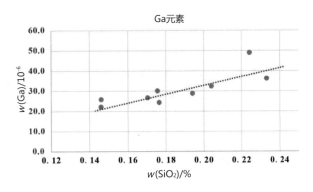

图 6-10　老挝 SiO₂ 协变图

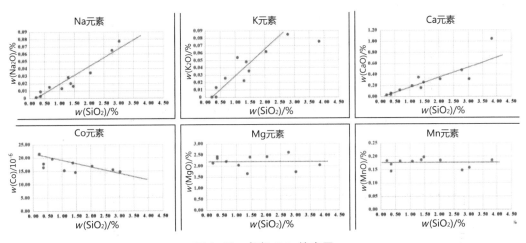

图 6-11　伊朗 SiO₂ 协变图

（3）各国磁铁矿矿床类型及成因特征

根据磁铁矿中具有指示意义的微量元素可以识别磁铁矿的矿床类型。最基础的是通过元素比值和数据统计分析，区分磁铁矿形成的不同环境。研究表明，磁铁矿中的主量元素比值图解（Al/Ti-V/Ti）可以用来区分岩浆成因和热液成因的磁铁矿。以此为据，经研究分析后认为巴西磁铁矿和加拿大磁铁矿以热液型磁铁矿为主，澳大利亚、哈萨克斯坦、缅甸、老挝、伊朗磁铁矿均以岩浆型磁铁矿为主（图 6-12）。

此外，也有学者指出磁铁矿的主量元素（（Ca + Al + Mn）-（Ti+ V））可以用来进一步细分磁铁矿形成的不同的矿床环境。研究发现，缅甸、老挝、伊朗及哈萨克斯坦磁铁矿以矽卡岩型磁铁矿为主，巴西磁铁矿与澳大利亚磁铁矿以 BIF 建造型磁铁矿为主，暂时无法确定加拿大磁铁矿的矿床类型。而澳大利亚磁铁矿中有 5 个点明显偏离正常值，结合矿相研究与微量元素数据，澳大利亚磁铁矿被褐铁矿化严重，很多磁铁矿的原生矿石遭到破坏，导致矿石中 Fe 元素流失严重，而 Ti、V、Ca 等元素相对流失较少，故出现异常点位（图 6-13）。

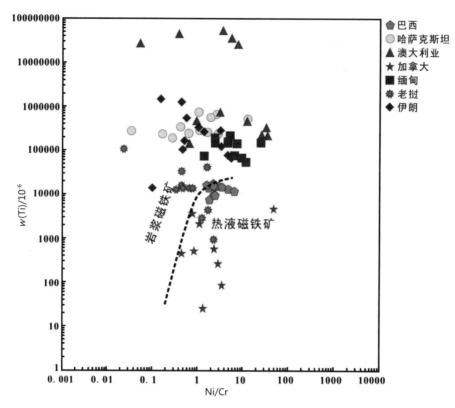

图 6-12　磁铁矿矿床成因特征图

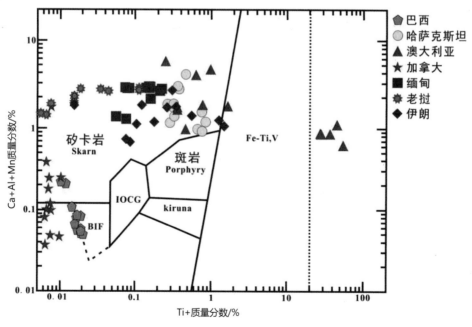

图 6-13　磁铁矿矿床类型特征图

3.2.2　黄铁矿

（1）主量元素含量

分析各国铁矿中黄铁矿主微量元素测试数据后得出：缅甸黄铁矿贫硫、贫铁；南非黄铁矿贫硫、贫铁；澳大利亚黄铁矿贫硫；乌克兰黄铁矿贫硫；吉尔吉斯斯坦黄铁矿贫硫；智利黄铁矿贫硫、贫铁；哈萨克斯坦黄铁矿贫硫、贫铁（图6-14）。

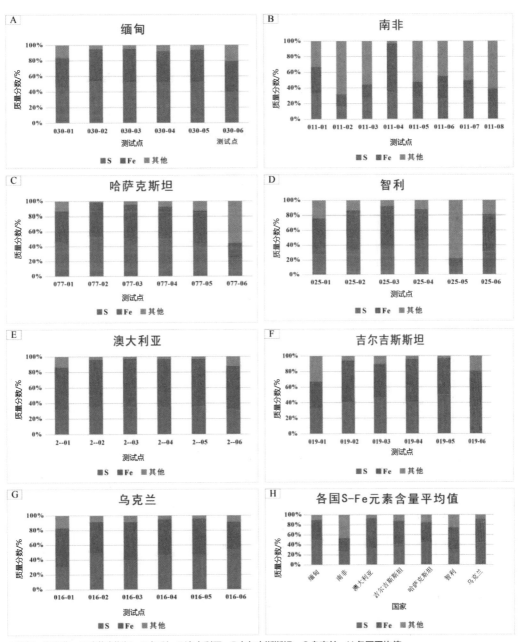

A.缅甸；B.南非；C.哈萨克斯坦、D.智利；E.澳大利亚；F.吉尔吉斯斯坦；G.乌克兰；H.各国平均值。

图6-14　各国黄铁矿主量元素S-Fe质量分数特征图

（2）微量元素含量

在黄铁矿形成以及地质活动过程中，其他微量元素对其影响巨大，例如：亲铁元素 Co、Ni 主要以类质同象的形式进入到黄铁矿的晶格中替代 Fe，而亲硫元素 As 和 Se 呈类质同象形式替换 S 进入到黄铁矿中。因此，对 Co、Ni、As、Se 等元素含量的研究就显得积极重要。此外，对微量元素含量的研究，也是区别黄铁矿差异性，实现铁矿石产地溯源的重要指标。研究对比各国黄铁矿中的其他元素，发现各国黄铁矿都具有标志性元素。各国的标志性元素：缅甸黄铁矿中的 Zn、As、Sb 元素；南非黄铁矿中的 Cu、Ag、Pb 元素；澳大利亚黄铁矿中的 Be 元素；智利黄铁矿中的 Se 元素；吉尔吉斯斯坦黄铁矿中的 V 元素；乌克兰黄铁矿中的 Mo 元素；哈萨克斯坦黄铁矿中的 Co、Ni 元素在其含量上明显高于其他各国，差异性明显，对各国铁矿石产地溯源有着不可代替的作用（图 6-15、图 6-16）。

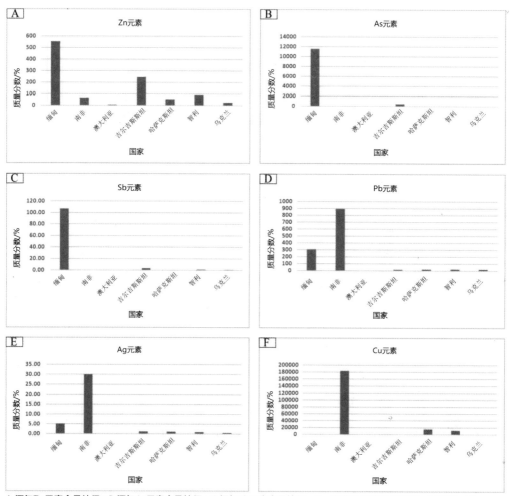

A.缅甸Zn元素含量特征；B.缅甸As元素含量特征；C.缅甸Sb元素含量特征；D.南非Pb元素含量特征；E.南非Ag元素含量特征；F.南非Cu元素含量特征。

图 6-15　各国铁矿石中黄铁矿微量元素特征图

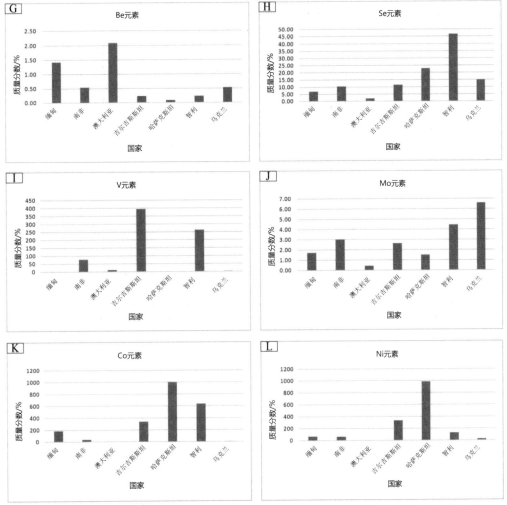

G.澳大利亚Be元素含量特征；H.智利Se元素含量特征；I.吉尔吉斯斯坦V元素含量特征；J.乌克兰Mo元素含量特征；K.哈萨克斯坦Co元素含量特征；L.哈萨克斯坦Ni元素含量特征。

图6-16　各国铁矿石中黄铁矿微量元素特征图

（3）各国黄铁矿矿床成因特征

Co、Ni在黄铁矿中以类质同象的形式替换其中的Fe，黄铁矿中Co、Ni的含量变化受其沉淀时的物理化学条件控制，因此，黄铁矿中的Co、Ni含量通常被用来判断黄铁矿的形成环境。在对各国黄铁矿的微量元素Co、Ni比值进行成图分析后发现，缅甸、吉尔吉斯斯坦、哈萨克斯坦Co、Ni比值大于1，南非、澳大利亚、智利、乌克兰小于1。结合矿床成因类型可鉴别出各国黄铁矿成因类型：缅甸为火山岩浆型；南非为同沉积型；澳大利亚为同沉积型；吉尔吉斯斯坦为火山岩浆型；哈萨克斯坦为同沉积型；智利为同沉积型；乌克兰为同沉积型（图6-17）。

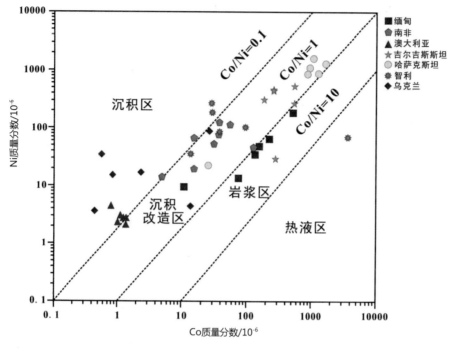

图 6-17　各国黄铁矿矿床成因图

4　本章小结

本章主要基于激光剥蚀电感耦合等离子体质谱分析法，针对澳大利亚、巴西、哈萨克斯坦、加拿大、缅甸、老挝、伊朗共计 7 个国家的磁铁矿以及缅甸、老挝、南非、澳大利亚、智利、吉尔吉斯斯坦、乌克兰、哈萨克斯坦共计 8 个国家的黄铁矿开展主微量元素测试及数据分析研究工作。详细综述各国铁矿石在主微量元素方面的差异性，最终实现各国铁矿石产地溯源，经系统分析研究，得到如下结论：

不同国家铁矿石中磁铁矿、黄铁矿的主微量元素含量存在明显差异。在磁铁矿中：澳大利亚磁铁矿中 Fe 元素在现有数据的所有国家中平均含量最低，Mg、Al、Si、Ti、V、Cr、Ni 等元素平均含量明显高于其他国家；老挝、伊朗磁铁矿中 Mg、Zn、Sn 元素平均含量明显高于其他国家；哈萨克斯坦磁铁矿中 Si、Al、V 元素平均含量明显高于其他国家。黄铁矿方面，从主量元素 S、Fe 元素来看：缅甸黄铁矿贫硫、贫铁；南非黄铁矿贫硫、贫铁；澳大利亚黄铁矿贫硫；乌克兰黄铁矿贫硫；吉尔吉斯斯坦黄铁矿贫硫；智利黄铁矿贫硫、贫铁；哈萨克斯坦黄铁矿贫硫、贫铁；从微量元素来看：缅甸黄铁矿中的 Zn、As、Sb 元素；南非黄铁矿中的 Cu、Ag、Pb 元素；澳大利亚黄铁矿中的 Be 元素；智利黄铁矿中的 Se 元素；吉尔吉斯斯坦黄铁矿中的 V 元素；乌克兰黄铁矿中的 Mo 元素；哈萨克斯坦黄铁矿中的 Co、Ni 元素；在其含量上明显高于其他各国，差异性明显。

不同国家铁矿石中磁铁矿 SiO_2 协变图解存在明显差异。澳大利亚磁铁矿 SiO_2 协变图显示，Na、Ca、Sr、Cs 元素含量趋势线随 SiO_2 含量增加呈线性单调递增。巴西磁铁

矿 SiO_2 协变图显示，Eu、Lu、元素含量趋势线随 SiO_2 含量增加呈现线性单调增。Ta、Pb 元素含量趋势线随 SiO_2 含量增加呈线性单调递减。哈萨克斯坦磁铁矿 SiO_2 协变图显示，Al、K、Ca、V 元素含量趋势线均随 SiO_2 含量增加呈线性单调递增。加拿大磁铁矿 SiO_2 协变图显示，Al、Mo 元素含量趋势线随 SiO_2 含量增加呈单调递增，Ni 元素含量趋势线呈单调递减。缅甸磁铁矿 SiO_2 协变图显示：Al 元素含量趋势线随 SiO_2 含量增加线性单调递增；Ca 先线性单调递增，当 SiO_2 含量为 0.6% 左右时达到最大值，后开始线性递减，当 SiO_2 含量为 0.7% 左右时，含量趋于线趋于水平。老挝磁铁矿 SiO_2 协变图显示，Ga 元素含量趋势线随 SiO_2 含量增加呈现线性单调递增。伊朗磁铁矿 SiO_2 协变图显示：Na、K、Ca 元素含量趋势线随 SiO_2 含量增加呈现线性单调递增；Mg、Mn 元素含量趋势线随 SiO_2 含量增加呈水平直线；Co 元素含量趋势线随 SiO_2 含量增加呈线性单调递减。

不同国家铁矿石中磁铁矿、黄铁矿在矿产类型及成因存在明显差异。例如：在磁铁矿方面，缅甸、老挝、伊朗及哈萨克斯坦磁铁矿以矽卡岩型磁铁矿为主，巴西磁铁矿与澳大利亚磁铁矿以 BIF 建造型磁铁矿为主；在黄铁矿方面，缅甸黄铁矿矿床成因类型为火山岩浆型，南非为同沉积型，澳大利亚为同沉积型，吉尔吉斯斯坦为火山岩浆型，哈萨克斯坦为同沉积型，智利为同沉积型，乌克兰为同沉积型。

基于各国铁矿石在磁铁矿、黄铁矿主微量元素方面的差异，在现有铁矿石样本下，通过激光剥蚀电感耦合等离子体质谱分析法在铁矿石主微量元素方面的实际运用，对各国铁矿石中磁铁矿和黄铁矿进行综合研究，成功揭示了各国铁矿石中磁铁矿、黄铁矿在主微量元素含量、矿床成因及类型等方面的差异性，实现了各国进口铁矿石产地溯源目标，为铁矿石产地溯源铺设了新路线。

参考文献：

［1］BECKER J S，MATUSCH A，PALM C，et al. Bioimaging of metals in brain tissue by laser ablation inductively coupled plasma mass spectrometry（LA-ICP-MS）and metallomics［J］. Metallomics，2010，2（2）：104-111.

［2］GRAY A L. Solid sample introduction by laser ablation for inductively coupled plasma source mass spectrometry［J］. Analyst，1985，110：551-556.

［3］王毅民，王晓红，高玉淑.地球科学中的现代分析技术［J］.地球科学进展，2003（3）：476-482.

［4］戴松涛，金雷，董国轩，等. 微区分析新方法［J］.稀土，2001（4）：41-44.

［5］袁继海.激光剥蚀—电感耦合等离子体质谱在矿物原位微区分析中的应用研究［D］.北京：中国地质科学院，2011.

［6］李冰，杨红霞.电感耦合等离子体质谱原理和应用［M］.北京：地质出版社，2005：54-106.

［7］WATLING J. The application of laser ablation-inductively coupled plasma-mass spectrometry（LA-ICP-MS）to the analysis of selected sulphide minerals［J］. Chemical Geology，1995，124：67-81.

［8］HALICZ L，GUNTHER D. Quantitative analysis of silicates using LA-ICP-MS with liquid calibration［J］. Journal of Analytical Atomic Spectrometry，2004，19（12）：1539-1545.

［9］POITRASSON F，MAO X，MAO S S，et al. Comparison of ultraviolet femtosecond and nanosecond laser ablation inductively coupled plasma mass spectrometry analysis in glass，monazite，and zircon.［J］. Analytical Chemistry，2003，75（22）：6184-6190.

［10］HOUK R S,KE H. Plasma sampling interface for inductively coupled plasma-mass spectrometry（ICP-MS）:US5218204 A［P］. 1980.

［11］张乐骏,周涛发.矿物原位 LA-ICPMS 微量元素分析及其在矿床成因和预测研究中的应用进展［J］.岩石学报,2017,33（11）:3437-3452.

［12］孟郁苗,黄小文,高剑峰,等.无内标-多外标校正激光剥蚀等离子体质谱法测定磁铁矿微量元素组成［J］.岩矿测试,2016,35（6）:585-594.

［13］FEDOROWICH J S,RICHARDS J P,JAIN J C,et al. A rapid method for REE and trace-element analysis using laser sampling ICP-MS on direct fusion whole-rock glasses［J］. Chemical Geology,1993,106（s 3/4）:229-249.

［14］王勤燕,陈能松,刘嵘. U-Th-Pb 副矿物的原地原位测年微束分析方法比较与微区晶体化学研究［J］.地质科技情报,2005（1）:7-13.

［15］方维萱,李建旭,智利铁氧化物铜金型矿床成矿规律,控制因素与成矿演化［J］.地球科学进展,2014,29（9）:1011-1024.

［16］熊欣,徐文艺,贾丽琼,等.斑岩铜矿成矿构造背景研究进展［J］.地球科学进展,2014,29（2）:250-264.

［17］FRENKEL A I,CROSS J O,FANNING D M,et al. DAFS analysis of magnetite［J］. Journal of Synchrotron Radiation,1999,6（Pt 3）:332-334.

［18］黄柯,朱明田,张连昌,等.磁铁矿 LA-ICP-MS 分析在矿床成因研究中的应用［J］.地球科学进展,2017,32（3）:262-275.

［19］傅晓明,张德贤,戴塔根,等.不同成因类型矿化中黄铁矿微量元素地球化学记录:以广东大宝山多金属矿床为例［J］.大地构造与成矿学,2018,42（3）:505-519.

［20］BRALIA A,SABATINI G,TROJA F. A revaluation of the Co/Ni ratio in pyrite as geochemical tool in ore genesis problems:evidences from southern tuscany pyritic deposits［J］. Mineralium Deposita,1979,14（3）:353-374.

［21］梁建锋,徐晓春,肖秋香,等.安徽铜陵冬瓜山铜金矿床黄铁矿微量元素原位 LA-ICP MS 分析及其成矿意义［J］.矿物学报,2011,31（S1）:1011-1012.

［22］赵晓燕,杨竹森,张雄,等.邦布造山型金矿床黄铁矿原位微量元素特征及其成矿意义［J］.地球科学,2019,44（6）:2052-2062.

［23］张赫.黄铁矿主微量元素及晶胞参数研究内容和意义［J］.中国金属通报,2019（7）:288-289.

［24］梁祥济,乔莉.沉积变质中交代岩和有关铁矿形成机理的实验研究［J］.中国地质科学院院报,1988（00）:159-186+204-205.

［25］李俊.云南省鹤庆县北衙金矿磁铁矿成因矿物学及矿床成因研究［D］.成都:成都理工大学,2013.

［26］周涛发,张乐骏,袁峰,等.安徽铜陵新桥 Cu-Au-S 矿床黄铁矿微量元素 LA-ICP-MS 原位测定及其对矿床成因的制约［J］.地学前缘,2010,17（2）:306-319.